中华复兴之光
神奇建筑之美

最美经典民居

胡元斌 主编

汕頭大學出版社

图书在版编目（CIP）数据

最美经典民居 / 胡元斌主编. -- 汕头 ： 汕头大学
出版社，2016.3（2023.8重印）
（神奇建筑之美）
ISBN 978-7-5658-2456-2

Ⅰ．①最… Ⅱ．①胡… Ⅲ．①民居－介绍－中国
Ⅳ．①K928.79

中国版本图书馆CIP数据核字(2016)第044175号

最美经典民居　　　　　　　　　ZUIMEI JINGDIAN MINJU

主　　编：胡元斌
责任编辑：宋倩倩
责任技编：黄东生
封面设计：大华文苑
出版发行：汕头大学出版社
　　　　　广东省汕头市大学路243号汕头大学校园内　邮政编码：515063
电　　话：0754-82904613
印　　刷：三河市嵩川印刷有限公司
开　　本：690mm×960mm 1/16
印　　张：8
字　　数：98千字
版　　次：2016年3月第1版
印　　次：2023年8月第4次印刷
定　　价：39.80元
ISBN 978-7-5658-2456-2

前言

党的十八大报告指出：“把生态文明建设放在突出地位，融入经济建设、政治建设、文化建设、社会建设各方面和全过程，努力建设美丽中国，实现中华民族永续发展。”

可见，美丽中国，是环境之美、时代之美、生活之美、社会之美、百姓之美的总和。生态文明与美丽中国紧密相连，建设美丽中国，其核心就是要按照生态文明要求，通过生态、经济、政治、文化以及社会建设，实现生态良好、经济繁荣、政治和谐以及人民幸福。

悠久的中华文明历史，从来就蕴含着深刻的发展智慧，其中一个重要特征就是强调人与自然的和谐统一，就是把我们人类看作自然世界的和谐组成部分。在新的时期，我们提出尊重自然、顺应自然、保护自然，这是对中华文明的大力弘扬，我们要用勤劳智慧的双手建设美丽中国，实现我们民族永续发展的中国梦想。

因此，美丽中国不仅表现在江山如此多娇方面，更表现在丰富的大美文化内涵方面。中华大地孕育了中华文化，中华文化是中华大地之魂，二者完美地结合，铸就了真正的美丽中国。中华文化源远流长，滚滚黄河、滔滔长江，是最直接的源头。这两大文化浪涛经过千百年冲刷洗礼和不断交流、融合以及沉淀，最终形成了求同存异、兼收并蓄的最辉煌最灿烂的中华文明。

五千年来，薪火相传，一脉相承，伟大的中华文化是世界上唯一绵延不绝而从没中断的古老文化，并始终充满了生机与活力，其根本的原因在于具有强大的包容性和广博性，并充分展现了顽强的生命力和神奇的文化奇观。中华文化的力量，已经深深熔铸到我们的生命力、创造力和凝聚力中，是我们民族的基因。中华民族的精神，也已深深植根于绵延数千年的优秀文化传统之中，是我们的根和魂。

中国文化博大精深，是中华各族人民五千年来创造、传承下来的物质文明和精神文明的总和，其内容包罗万象，浩若星汉，具有很强文化纵深，蕴含丰富宝藏。传承和弘扬优秀民族文化传统，保护民族文化遗产，建设更加优秀的新的中华文化，这是建设美丽中国的根本。

总之，要建设美丽的中国，实现中华文化伟大复兴，首先要站在传统文化前沿，薪火相传，一脉相承，宏扬和发展五千年来优秀的、光明的、先进的、科学的、文明的和自豪的文化，融合古今中外一切文化精华，构建具有中国特色的现代民族文化，向世界和未来展示中华民族的文化力量、文化价值与文化风采，让美丽中国更加辉煌出彩。

为此，在有关部门和专家指导下，我们收集整理了大量古今资料和最新研究成果，特别编撰了本套大型丛书。主要包括万里锦绣河山、悠久文明历史、独特地域风采、深厚建筑古蕴、名胜古迹奇观、珍贵物宝天华、博大精深汉语、千秋辉煌美术、绝美歌舞戏剧、淳朴民风习俗等，充分显示了美丽中国的中华民族厚重文化底蕴和强大民族凝聚力，具有极强系统性、广博性和规模性。

本套丛书唯美展现，美不胜收，语言通俗，图文并茂，形象直观，古风古雅，具有很强可读性、欣赏性和知识性，能够让广大读者全面感受到美丽中国丰富内涵的方方面面，能够增强民族自尊心和文化自豪感，并能很好继承和弘扬中华文化，创造未来中国特色的先进民族文化，引领中华民族走向伟大复兴，实现建设美丽中国的伟大梦想。

目　录

福建土楼

　　福建土楼，产生于宋元时期，经过明、清和20世纪初期的逐渐成熟，一直延续至今。它是东方文明的一颗明珠，因其为福建客家人所建，因此又称"客家土楼"。

　　福建土楼以历史悠久、种类繁多、规模宏大、结构奇巧、功能齐全、内涵丰富而著称，具有极高的历史、艺术和科学价值，被誉为"东方古城堡""世界建筑奇葩"。

　　福建土楼是世界独一无二的大型民居形式，被称为中国传统民居的瑰宝。

迁徙而来的客家人

公元前221年，秦始皇统一中国后，为了政治和军事的需要，他派兵60万"南征百越"。南下的秦军，从福建、江西和广东边境入抵广东的揭阳山，直抵广东省的兴宁、海丰两县。

公元前214年，秦始皇再次派兵50万"南戍五岭"，平定岭南后，他设立了龙川县，由平定岭南的副将赵佗任龙川县令。之后，赵佗又主持南海郡事。

公元前204年，为了防止中原战乱祸及岭南，赵佗在岭南建立了南越国，并自封为南越武王。赵佗在任龙川县令和建立南越国时，为岭南的开发做出了不朽的贡献。

他带来中原文化，改变了岭南百越人过去野蛮落后的风俗。他施行"与越杂居""和集百越"的政策，促进了中原汉人与百越各民族的融合。

赵佗还将几十万军队留驻在岭南，成为南迁到此地的第一批北方移民。当地人称这些南迁到此的中原汉人为客家人，以此来区别这里原有的居民。

赵佗在任龙川县令时，为解决驻在这里的将士兵卒的缝补浆洗问题上书朝廷，要求拨3000名北方妇女到此，结果朝廷拨给了5000名。

于是，朝廷拨给的妇女和留驻在这里的将士兵卒组成了家庭，成了这里最早的客家先民。

至西晋时期，发生了"八王之乱"，继而又爆发了人民反晋王朝的斗争，这大大动摇了西晋王朝的统治。这时北方的匈奴、鲜卑、羯和氏等少数民族乘虚而入，当时人们称这些少数民族的人为胡人。

这些胡人各自据地为王，相互争战不休，使中原陷入"五胡乱华"的动荡局面。

西晋王朝灭亡后，中原成了胡人的天下，他们把农田用来放牧牛羊，抢掠汉人来做奴隶。不堪奴役的汉人又一次大举南迁，这股潮流

此起彼伏，持续了170多年，迁移人口达一两百万之多。

至唐朝"安史之乱"后，国势由盛而衰，出现藩镇割据的局面。加之中原灾荒连年，官府敲诈盘剥，民不聊生，许多城乡烟火断绝，一片萧条。

不久爆发了先后由王仙芝、黄巢领导的农民起义。起义军驰骋中原辗转大江南北10多省。这些地方正是第一次南迁汉民分布的地域。

战乱所及，唯有江西南部、福建西部和广东东北部还是一块平静之地，于是，这些客家先民，也就是第一次南迁到此的汉民中的大部分，又南迁到了这些地带定居。

根据《客家族谱》记载，这时期的移民，避居福建宁化石壁洞者也不少。这次南迁，延续至唐后的五代时期，历时90余年。

北宋都城开封，于112年被金兵攻占后，宋高宗南渡，在临安，也就是杭州称帝，建立南宋王朝。当时随高宗一起渡江南迁的臣民达百万之众。

元人入侵中原后，强占民田，推行奴隶制。处于黄河流域的汉族人民，为躲避战乱，再一次渡江南迁。随后由于元兵向南进逼，江西、福建和广东交界处，成了宋、元双方攻守的战场。

早先迁入此地的客家人，为寻求安宁的环境，又继续南迁，进入广东省东部的梅州和惠州一带。因为这时户籍有"主""客"之分，移民入籍者皆编入"客籍"。而"客籍人"遂自称为"客家人"。

对福建地区而言，从308年起，中原汉人开始大规模进入，主要有林、陈、黄、郑、詹、邱、何和胡八姓。进入福建的中原移民与当地居民相互融合，形成了以闽南话为特征的福佬民系；辗转迁徙后经江西赣州进入福建省西部山区的中原汉人则构成福建另一支重要民系，也就是以客家话为特征的客家民系。

福建省永定县是纯客家县，这里的人绝大多数是南宋、元、明三

代，特别是元末明初从宁化石壁村一带辗转迁徙，最后到永定境内定居的客家人。

客家人勤劳又勇敢，适应能力强，他们饱尝饥荒战乱、流离失所之苦，来到了这片蛮荒之地，为了生存与发展，他们一方面披荆斩棘，开荒垦殖，另一方面建筑遮阳避雨的栖身之所。

他们凭着灵巧有力的双手，用山区盛产的竹、木、茅草、泥土和石块等搭盖起简陋低矮的竹篱茅屋，既防风避雨，又抵暑御寒。

随着生土夯墙技艺的进步，兼作围护和承重的外墙基部的厚度逐渐减至1.5米以内，墙高则达到10米以上，可建造三四层，再结合木构架，能够用比堡寨小得多的地盘获得更大的居住使用空间。

由"堡宅合一"逐步演化而来的这一时期的土楼都有一些明显的共同点，即都是方形土楼，四向外墙既作为护围，又具承重作用。沿外墙内侧，运用抬梁式木构架与外墙共同构成房间，房间朝向楼内天井，房间外的回廊及二层以上的走廊为贯通全楼的通道。

土楼的土墙没有石基，底层墙厚1.7米至2米，房间都比较狭小，外墙一二层都不开窗，三层以上开极狭小的窗，全楼只开一座通向楼外的大门，大门用木框。土楼内几乎无装饰，屋顶为悬山式两坡瓦顶。

这时期的土楼，在建筑结构、施工技术、立面造型等方面，就已显示出独特的风貌。

这一时期的永定土楼均建于元代至明代中叶。如建于元代的奥杳日应楼和高头振兴楼，建于明代的洪坑崇裕楼、五云楼、洪坑南昌楼和古竹大旧德楼。

福建华安各地的土楼是典型的福佬民系土楼。封建社会是以土地私有为条件，人口增加必然向外拓展，开辟新的领地，有的是以家族为单元，举族而迁。

为了拥有生存空间，适应新的生产、生活和防卫要求，需要一种能适应家族共同居住条件的住宅。于是，福佬民系的世族早期从福建北部、福建中部向福建南部迁徙，他们选择适合当地特殊地理条件的建筑材料，就地取材，建筑土堡、兵寨，并在土寨形式演化下，逐步过渡到土楼的建筑形式。

17世纪中叶至20世纪，随着海口开放、对外经济交流的发展，闽南地区经济有了重要进步，福佬民系世族经过10多代人的耕耘，家族人口急剧增加，居民对住宅的要求更加迫切。

为了维护家族的共同利益，几十人或几百人聚族而居，以适应家族的兴旺、居住的安全，模仿兵寨建筑的圆形、方形和府第式等丰富多彩的土楼应运而生。

从记载时间看，华安至今保存完好的68座土楼都是这一时期的历史演变而建筑的。

知识点滴

圆形土楼的出现

　　1478年，福建省永定建县，大大提高了永定的政治地位，给经济和文化的发展创造了有利条件。不长时间之后，客家人崇尚读书之风得到了发扬；另一方面，菲律宾的烟草从福建省漳州市传入永定，促使永定人种植烟草，提高了人们的经济水平。

　　清康熙、乾隆年间，社会比较安定，得天独厚的自然地理环境和先进的栽培和加工技术，使"永定晒烟"独著于天下，本省各处及各省虽有晒烟，制成丝后，色味皆不及，永定条丝烟荣受"烟魁"之誉，销路日广。

自清代中叶至民国初期近200年间，永定条丝烟风行全国甚至海外，给永定人带来走南闯北、大开眼界的机缘，更带来了滚滚财源，造就了许许多多大小富翁。

由此带动了各行各业的发展，居民经济收入和生活水平普遍得到提高。正是由于具有这样的政治、经济和文化背景，土楼建筑进入了鼎盛时期，全县大小土楼群体遍地开花。

随着土楼建造数量激增和宅居质量要求日高，土楼建筑工艺步入成熟期。土墙从无石基进步到有石基，夯土版筑技术臻于炉火纯青，墙体厚度与高度之比已达极限，并创造出最富魅力的新造型，即圆形土楼，形成了包括方形、圆形、府第式和混合式等造型的土楼。

建于元末明初的裕昌楼，位于福建漳州市书洋乡下板寮村。在书洋乡下板寮的大山里，自古全是幽幽老林，偏僻边远，少有兵荒马乱，因此，这里便成了山里人安居乐业的世外桃源。

然而，山深林密，常有虎豹豺狼横行。为了生存和发展，同在山间蛰居的刘、罗、张、唐、范姓族人，共商合建高楼聚居。他们规定

楼内分为5个单元，设5道楼梯，由每个姓氏出资各建一个单元。

建楼统一规划，泥水匠和木匠统一后由各姓人家轮流供饭和照料，山区人建土楼并非一两年方可竣工，主人对待师傅便有如自家人一样。时日久了，便不如初时那么细心周到了。

有一天，就在两家交接供饭的那个傍晚，山里出现寒流，冻得人们手脚发麻。那时，供完一轮饭的一家，以为没事，便安心早睡，另一家准备明日早起煮饭，也天一黑就钻入被窝入睡了。

谁知，冷得难以入眠的几位木匠师傅，干脆披上衣裳到工地挥斧舞刨加班干活取暖。他们本想主人会送来热腾腾的夜宵，不料时过半夜仍没见动静。

这时，饥肠辘辘的师傅们便有了些埋怨，便分工匆匆锯了几个榫头，凿了几个榫眼，便叹息着钻入了冰冷的被窝里。

不知是木匠师傅夜里饿得精神差，还是有意作弄，加班做出的榫头都太小，榫眼都太大，凑起来便都松松垮垮的。到了立柱架梁时，他们便一根一根凑上去，一时也看不出有什么异样。

后来，当楼建到了第七层，瓦片还没有盖完时，一群外乡人到楼后山上扫墓祭祖，燃放了不少鞭炮，又烧了许多纸钱，忽然刮来一阵风，引火烧掉了七楼椽子和木柱，盖上去的瓦片也全塌落破碎。

火熄灭后，楼主人都嫌七楼晦气，于是，决定连六楼一起拆掉，就在五楼重新盖瓦，并在楼内再盖了一座厅堂和一圈平房，祈盼"楼包厝代代富，厝外楼子孙贤"。

5层圆楼盖顶后，还要等墙体基本干透，才能铺松木楼板，隔各户房间，一般要等过一两年。这期间，新楼空荡荡，少有人管。

不知过了多久，土墙干得很坚实，而椽、梁、柱全都变得歪歪斜斜，似有散架倒落的危险。

　　这时，木匠师傅领完工钱早已回家去了，主人干瞪眼，谁也说不出怎么会歪斜的所以然来，大家七嘴八舌地议论，多数人认为是哪一家对木匠照料不周，加上拆除六、七两层的震动所致。那交接供饭的两户人家忽然想起那个寒夜，好不后悔，都作了自责，让大家吸取教训。又过了一年，见楼内的椽、梁、柱全都坚实牢靠，楼身都没歪，各姓人家便开始在各自单元隔间抹壁安装门窗，并陆续入楼居住，新楼便变得热闹起来了。

　　不久后有个傍晚，忽有一只老虎进入楼来，在楼下回廊走了一圈，又慢慢爬上二楼回廊走了一圈，才不声不响从后窗跳出去，始终不发虎威，不伤人畜。

　　说来也怪，老虎跳出楼外，却撑起前脚坐在山坡，细细看过圆楼后才轻轻吼了一声。

　　这一声，楼里人都听得分明，刘姓人家说，这是叫"好"声，为

建楼祝贺，好事，而其余四姓人家却说，老虎入楼，有一次就会有两三次，日后定凶多吉少。

不久，罗、张、唐和范四姓人家一怕虎凶，二怕楼垮，便贱价把各自的单元房间卖给了刘家，自己迁往他乡定居去。

刘家置了全座圆楼后，对歪歪斜斜的梁柱进行认真观察研究，得出圆楼由于梁柱的相依、相靠、相接、相连才散不了，垮不倒。

于是这奇妙的歪斜，便成了楼里人齐心创新业、和和睦睦过日子的一面镜子，并在楼门贴上"裕及后昆克勤克俭成伟业，德承先世维忠维孝是良规"的对联作为楼训。还给圆楼取了寓意富裕昌盛的楼名"裕昌楼"，祈望子孙兴旺发达。

一年又一年，这良规楼训、梁柱哲理一直鼓舞着楼里人克勤克俭、有志有力、齐心成伟业。后来，这楼也有了另一个独特的名字——"东歪西斜楼"。

楼为五层结构，每层有54间大小相同的斧状房间，底层为厨房，

家家厨房有一口深1米，宽0.5米的水井，井水清净甘甜，拿起瓢子伸手即可打水。

楼内天井中心建有单层圆形祖堂，祖堂前面天井用卵石铺成大圆圈等分5格，代表"金、木、水、火、土"五行。

土楼从无石基到有石基有一个过渡期，其间或为半石基土墙，即其石基不高出地面，或沿墙根一米高左右加罩石裙遮护。如大约建于1530年的高东永固楼，其前后四面墙都有半石基。

大概到了明末清初，由于水患频发，乾隆《永定县志》记载："永定置县1478年至1618年间，共发生特别严重的水灾6次，冲毁房屋，溺死人畜无数"。为了更好地保护土墙，才普遍采用石基。有了石基，土楼防洪抗潮能力大大增强。

土楼从方形到圆形是永定土楼建筑的创造性发展。高头承启楼是规模最大、环数最多、居民最多的圆楼，被誉为"圆楼之王"。此后，在永定东南部的古竹、高头、湖坑镇、大溪镇、岐岭镇和下洋镇等，圆楼如雨后春笋般拔地而起。

承启楼坐落在福建省永定县高头乡高北村，依山傍水，面前是一片开阔的田野。这里有数十座大大小小、或圆或方的土楼，错落有致、高低起伏，组成了一幅色彩斑斓的土楼画卷。

承启楼从明代崇祯年间破土奠基，至清代1709年竣工，3代人经过

83年的努力奋斗，终于建成这座巨大的江姓家族之城。

这一时期还出现许多扬名中外的土楼杰作，有建于清康熙末年的古竹五实楼、建于清雍正年间的坎市燕诒楼、建于1750年的业兴楼、建于1834年的洪坑奎聚楼、建于1835年的高陂裕隆楼、建于1838年的抚市永豪楼、建于1850年的遗经楼、建于1875年的永隆昌楼群、建于1880年的福裕楼、建于1886年的峰市华萼楼等。圆楼有湖坑环极楼、古竹深远楼和南溪衍香楼等。

五福楼位于福建省永定县大溪乡太联村。

相传明正德年间，永定湖余氏出了一位品貌出众的姑娘。姑娘小时候孤苦凄惨。一场灾难，父母双亡，留下姐弟两人相依为命。16岁时，余氏姑娘被举入宫，入宫即被选为贵妃，其亲弟自然成了国舅爷。

过了几年，贵妃想念弟弟，皇上降旨召国舅爷入宫。尽管国舅爷对锦衣玉食十分满意，但毕竟久居山野，对宫中的繁文缛节甚为不惯，对宫中的丝竹管弦也不感兴趣，遂告辞还乡。

然而，国舅爷又对皇宫非常留恋，出得宫门后频频回首，一副欲言又止的样子。

皇上问其缘由，他回答说家中房屋矮小，没有京城宫殿那般高大雄伟、金碧辉煌，想想回去以后再也看不到这样的宫殿了，因此想多看几眼一饱眼福。

皇上听后，特恩准他回乡后可以兴建高楼深宅。这位国舅爷回到永定，果真建起了高大雄伟、宽敞明亮的五福楼。

知识点滴

兄弟共建振成楼

　　太平天国时期，福建省永定县洪坑村林氏家族的第十九代人林在亭生有3个儿子，长子名德山、次子名仲山、三子名仁山。为避战乱，林在亭率三子到永定抚市镇的亲友家居住，并在这里刻苦学习打烟刀

的手艺。

早在北宋年间，烟草便由菲律宾传入我国，时称瑞草，很快从广东南雄引进到了永定，随即成为永定经济收入的重要来源。

林氏三兄弟看准了这个时机，抓住机遇，回家乡洪坑自行经营，以3个银元起家，办起了第一家烟刀厂，字号"日升"。

三兄弟肯吃苦，讲信用，经营有方，3年里先后在邻村创办了10多个厂。老大负责在各厂检验质量，老二负责采购，老三负责推销。

由于"日升"号烟刀工艺独特、价廉物美，产品畅销全国。三兄弟在广州和上海等城市设点推销，经过多年艰苦创业，终于成为乡里首屈一指的大富翁。

三兄弟致富后，四处修桥、筑路、建凉亭、办学校，为乡邻做了不少公益事业，振福楼就是他们兄弟三人出资兴建的。

兄弟三人又花了20万光洋建造了一座府第式的方形土楼，即福裕

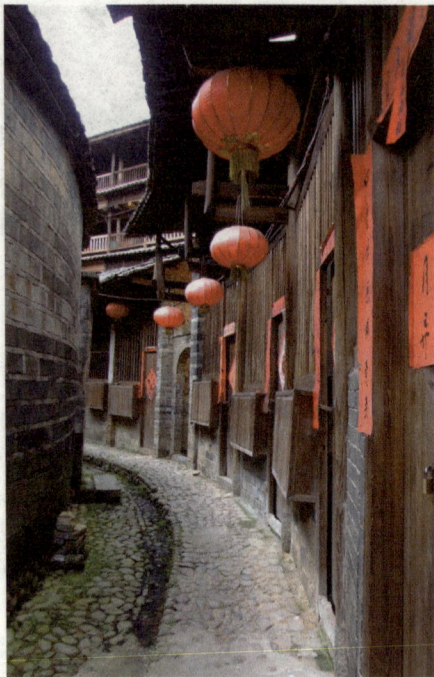

楼。按高中低三落、左中右三门三格布局，兄弟既可共居一楼，又可各自成一单元。

兄弟们事业发达，首先想到的是教育事业，因为当时农村落后，前后村都无学校。

兄弟三人分家后，老二仲山便在洪坑村口独资兴建了一所光汉学校，受到村民的称赞。

1903年，老三仁山在洪坑村头又独资兴建了一所古色古香、中西合璧式学校，也就是日新学堂，当时汀州府府太爷张星炳为学堂题字"林氏蒙学堂"。

学堂门的对联是：

训蒙心存爱国，为学志在新民

之后老大和老二相继去世。1909年，老三仁山开始筹划兴建一座圆土楼，但是选定为楼址的土地，他只有一半的产权，另一半是他一个侄儿的，建楼的事就几度搁了下来。

1912年，老三仁山在未能建成圆楼的遗憾中离开了人世。老三仁山次子林鸿超，又名逊之，是清末时期的秀才，他一生研究易经，琴棋书画，无所不通。

为了继承父志，林鸿超亲自设计并邀集了叔伯数兄弟合资共建振成楼，历时5年，花费8万光洋，终于大功告成。振成楼的楼名是为纪念上代祖宗富成公、丕振公父子而命名的。

走近振成楼，便可以看到门楣上有石刻的3个苍劲大字："振成楼"，楼门联是："振纲立纪，成德达才"。

振成楼是一座八卦形的同圆心内外两环的土楼。外环四层高16米，一共有184个房间，内环两层，有32个房间。外环以标准八卦图式分为八卦即八大单元，一卦设有一部楼梯，从一层通向四层。

每卦之间筑青砖隔火墙分开，但有拱门相通，如果关起门来，便自成院落，互不干扰，开门则全楼贯通，连成整体。

走过振成楼的楼门厅，面前是二层的内环楼，门楣上刻着"里堂观型"4个字，是当年北洋政府总统黎元洪的手笔，意为"乡邻学习效仿的楷模"。楼主林鸿超在1913年做了北洋政府的参议员，曾与黎元洪共事，振成楼落成时黎元洪特地赠匾褒奖。

穿过两环两重大门，便是全楼的核心：祖堂。这个宽敞明亮的祖

堂大厅，像是一个现代化的多功能大厅，可供全楼人婚丧喜庆、聚会议事、接待宾客以及演戏观戏。

正门两边耸立4根圆形大石柱，象征灵魂接天的意思，屋顶呈三角形，酷似古希腊的雅典神庙。每根石柱高7米，周长1.5米，重达5吨，当时没有机械作业，全靠人工运进楼内并架构起来，实在令人叹服。

内、外环楼的东西两侧，各有一口水井，恰好位于八卦的阴阳两极上。

东边水井处于阳极，相传建楼的初期，不少人常喝此井之水，后来都成了工匠师傅，故称为"智慧井"。

西边水井在阴极，水质清洌，犹如一面镜子，喝入口中则清爽甘甜，据说常饮此水会使皮肤娇嫩，头发变得更黑更亮，所以叫作"美容井"。

令人称奇的是，两井之间距离不过30米，同处一个水平面，水温、水位和水的清澈度却明显不同。当然你如果来到这里，最好两口井的水都喝它几口，熊掌与鱼兼得，没有比这更美的事情了。

楼里的镂空屏门、门上的木雕、螺旋形的铁栏杆，精致典雅，每一处都是完美的艺术品。楼里还有20多副楹联，其中后厅有一副脍炙人口的长联：

> 振作那有闲时，少时、壮时、老年时，时时需努力；
> 成名原非易事，家事、国事、天下事，事事要关心。

振成楼吸收了西洋建筑技术与风格，为土楼建筑艺术开辟了一个新境界，使之成为中西合璧的精品。在这一时期还有很多海外侨胞回乡兴建土楼，如德辉楼、永康楼和虎豹别墅等，都是各具特色的杰作。

知识点滴

形状独特的客家土楼，曾经被误为核弹发射井。

1985年的一天，美国总统看到一份秘密报告：根据每天7次通过中国上空的KN22卫星报告，在我国福建省西南部的6000平方千米范围内有数千座不明性质建筑物，呈巨型蘑菇状，与核装置极为相似，这里很可能是一个大得无法想象的核基地。

美国总统曾派情报人员贝克以摄影家的身份潜入永定乡村，进行实地拍照，才发现漫山遍野的"核基地"只不过是普通的客家土楼。

返回美国后，贝克写了一份报告，在报告中他写道：在中国福建省西南部3001平方千米的范围内，发现有1130多座各种类型的土楼，这是客家人居住的地方。有圆、方、伞形等形状，每座占地1000平方米左右，一般为三五层，十分坚固。从高角度俯视，往往被认为是有特殊用途的建筑，产生误解。

世界遗产的土楼群

　　田螺坑土楼群位于福建省南靖县西部的书洋上坂村田螺坑村，为黄氏家族聚居地。田螺坑村因地形像田螺，四周又群山高耸，中间地形低洼，形似坑而得名。

　　田螺坑土楼群的精美建筑组合，构成人文与自然巧妙之成的绝

景。从远处眺望，它更像一朵绽开的梅花。5座土楼，依山附势，高低起伏，错落有致。它们与邻近的层层梯田呼应，叹为观止，成为后来南靖土楼的经典。

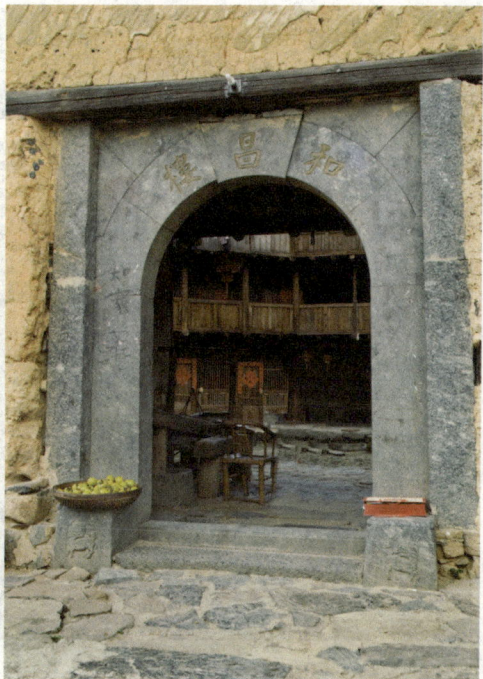

步云楼位于田螺坑土楼群中部，为方形土楼，是黄氏第十二世黄启麟于1662年至1672年间所建。它是田螺坑的第一座土楼，位于"梅花"花心部位。土楼坐东北朝西南，楼高3层，每层26间，土木结构，内通廊式，承重墙以生土为主要原料。

土楼取名步云，寓意子孙后代从此发迹，读书中举，仕途步步高升、青云直上。后来，步云楼不幸在1936年被烧毁，又于1953年在旧址上重建。

步云楼的寓意果然得到了应验，1853年，黄氏族人又有了财力，随即在步云楼东向动工修建了新一座圆楼，名叫和昌楼，也是3层高，每层22个房间，设两部楼梯。

1930年，黄氏族人在步云楼的西侧又建起了一座圆楼振昌楼，还是3层高，每层26个房间，共78间。

1936年，瑞云楼在步云楼的东南侧拔地而起，仍然是3层，每层26个房间。

田螺坑土楼在基址的选择上，遵循我国风水文化。据专家考证，5

座土楼之间采用黄金分割比例2：3、3：5、5：8而建造。史学家、地理学家称这5座土楼为《周易》金、木、水、火、土的杰出代表。

福建民间流传田螺姑娘的故事，便源自此楼。据说，在清朝，一个名叫黄贵希的老汉带着一家赶着一群鸭子，来到了田螺坑的山脚下。他们看到这里谷深林密，在烂泥地里、山涧里到处都是田螺，是个养鸭的好地方，于是，就把家安在了这里。

黄贵希每天赶着鸭群沿山涧去放养，母鸭吃了田螺和小鱼虾后，下的蛋又多又大，每隔一天，妻子就挑着鸭蛋去卖，日子越过越好，不到半年，一家人就把草房改建成了土墙平房。

黄贵希夫妻既勤劳又善良，有人路过他们家时，他们都热情地招待茶水，有时还留人吃饭。

有一天，一位过路人病了，向黄贵希要点儿水喝。黄贵希见他病得不轻，就留他住了下来，还为他煎草药汤，3天后，那个过路人病好了要走。

黄贵希的妻子为他准备了干粮和茶水叫他带上。那个过路人被黄贵希夫妻的热情和善良所感动。临行时，他嘱咐夫妻俩说："对面那片烂泥坡地，是块风水宝地，你夫妻这样有量有福，可在那块坡地上开基，后代子孙会很兴旺。"

原来这位过路人是个风水先生，他还说，3年后他会再来帮黄贵希选择建房地点。

黄贵希夫妻听后自然满心欢喜，从此更加热心行善，也更加勤劳节俭，想3年后先生来了，好在那块风水宝地上建造一座土楼。

可是3年过去了，却一直不见那位风水先生的踪影。黄贵希还是每天赶着鸭群到田螺坑去放养。他每天早出晚归，中午就在田螺坑那山坡上休息。山坡上有一块平面石，黄贵希就在那块大石边搭了一间草房，方便中午休息，雨天也可把鸭群赶到房里避雨。

有一天中午，黄贵希正在那间草房里休息。突然间，天上乌云密

布，黄贵希刚把鸭群赶进草房里，瓢泼般的大雨就下起来了，直至天黑雨也没停。没办法，黄贵希只好吃了点儿干粮，就在草房里过夜。

到了半夜，风雨停了下来，黄贵希在睡梦中，隐约看到观音菩萨从天而降，来到自己跟前，说："鸭双蛋，楼基安，梅花开，旺丁财"。

黄贵希赶快起身跪拜在地。他突然惊醒，醒来后发现草房外是一片月光，心里好生欢喜，心想，是观音菩萨来指点我宝地了。

第二天大清早，黄贵希就到鸭群里拾蛋。果然在那草房边角的地方有几只母鸭下了双蛋。黄贵希心里一下子就明白了，那母鸭生双个蛋的地方，就是建造土楼的中心点。而那"梅花开"，则想不明白，"旺丁财"自然是后代子孙会丁财两旺。

不管怎样，黄贵希还是请来了建筑土楼的师傅。把那个母鸭生双蛋的地方，作为中心点开始建一座方形土楼，并取名为"步云楼"。

黄贵希的儿子黄百三郎，眉清目秀，知书达理，勤劳勇敢。一

天午后，突然乌云密布，雷电交加，刹那间，倾盆大雨接踵而至。黄百三郎被这突如其来的巨变吓得心慌意乱，不知如何是好。

就在此时，黄百三郎听见从坑边传来了呼救声，便不顾倾盆大雨，向山坑那边冲去，跑到小坑边，他看见坑水越来越大，只听到声音不见人影，找了好一阵子，他才发现坑里有一只大田螺。

黄百三郎从坑里把一只硕大的田螺抱上来，突然间，怪事发生了，一位貌若天仙的姑娘站在他面前，微笑着对他说："三郎，我是田螺姑娘，请你别害怕，我姓巫，名叫十娘。"

巫十娘为感谢黄百三郎的救命之恩，就指点他"和昌楼"的蟹形地和祖祠的旗形地。所以步云楼还未完工时，黄百三郎就开始兴建和昌楼了。

后来，黄百三郎病倒了。黄贵希也知道了田螺姑娘的事，他怕儿子招惹妖气，连夜带着儿子远走他乡。几年后，黄贵希病故。黄百三郎回到田螺坑。在田螺姑娘的帮助下，家业红火，人丁兴旺。

20世纪前半叶，战乱频仍，福建省许多村庄和土楼毁于战火。新中国成立后，这些被毁的村庄、楼房，由人民政府支持重建。其他地区的居民也先后新建了几千座大小不一的土楼。

这些新建的土楼，日益受到国内外普遍关注，政府和群众开始采取各种积极措施加以保护，后在加拿大魁北克城举行的第三十二届世界遗产大会上，被正式列入《世界遗产名录》。

知识点滴

关于田螺坑土楼群的形成还有另外一种说法。

说在元朝末年，黄贵希带着儿子黄百三郎，在田螺坑选定了安营扎寨之所后，就着手搭盖草棚，解决了居住问题后便以看管母鸭为生计。传说他的母鸭每晚产两个蛋。日积月累，黄百三郎积攒下大量银元。

明朝洪武初年，黄百三郎请来地理先生察看地形，认定黄百三郎搭草棚的住地是块风水宝地。于是，黄百三郎在原草棚地上修建一座方形土楼，也就是和昌楼。该楼始建于明朝洪武年间，原为方楼，20开间，高三层墙厚3.6米，没石基。

和昌楼建好后，又在楼下方修建一座江厦堂祖祠。1936年，丙子年国民党军队围剿上坂革命基点村，全村13座大土楼被烧毁，和昌楼也在其中。后来，在1953年重建和昌楼时，把方形楼改建为圆楼。

黄氏传至十二世黄启麟则兴建步云楼，建楼时间约在1681年左右。时隔数百年后，由于人口的增长，在1930年至1932年间修建了振昌楼，在1932年至1934年间修建了瑞云楼，一直延续至1966年至1969年，再建起了文昌楼。

北京民居

　　北京四合院作为老北京人世代居住的主要建筑形式，驰名中外，世人皆知。这种古代劳动人民精心创造出来的民居形式，伴随人们休养生息成百上千年，在人们心目中留下了深刻印象。

　　四合院大都在胡同里。胡同的形成是随着北京城的变化、发展和演进的。为保护古都风貌，维护传统特色，北京城区划定了20余条胡同为历史文化保护区，像南锣鼓巷、西四北一条等就被定为四合院平房保护区。

元代四合院定型

　　四合院的历史和北京城的历史一样悠久，作为当时我国政治中心的主要民居样式，四合院的历史最早可以追溯至辽金时代。

　　北京那时称为蓟城，是幽州的首府，由于京杭大运河的开通，蓟

城变得日益繁华起来。

居住在西辽河上游的契丹人，男子个个能征善战，但经济并不富庶，生产力水平低下，契丹首领很早就希望得到城池繁华的蓟城。

938年，契丹的军队攻入这座汉人的城池，将其改为南京，又称燕京，作为陪都。从此，燕京由地区性的行政治所开始向全国性的政治中心转变。

新的统治者上台，燕京地区自然就要大兴土木，为数以万计的官员和随从建造办公地点及住宅。

大批能工巧匠从各地被征调上来，各种各样的建设方案送到了统治者的手里。契丹统治者大概出于自身安全的考虑，最后选择了比后来的北京城小得多，但格局相仿的燕京城建设方案。

《辽史·地理志》记载：燕京城"方三十六里，崇三丈，衡广一丈五尺。城上设敌楼，共有八门"。

《契丹国志》记载：燕京城"户口三十万，大内壮丽，城北有

市，路海百货，聚于其中。僧居佛寺，冠于北方。锦绣组绮，精绝天下"。

当时皇上办公的地方在燕京城的西南方，宫殿林立，堂阁栉比，四周有高大的围墙，东西南北都有重兵把守的门户，跟后来的紫禁城在格局上有些类同，只是规模要小得多。

除了皇上办公的地方以外，契丹的统治者还建设了相当多的民居，为下层官员和一般老百姓居住。这些民居排列在街巷的两旁，一个一个形成院落，每个院子自成一统，有门户通向街巷。这实际上就是后来的北京民居，即四合院的雏形。

当时为了便于管理，整个燕京城被分成了26坊，每个坊都有专人管理。燕京城的坊巷布局，横平竖直，井然有序。

1206年，成吉思汗创建蒙古帝国。随后骁勇善战的蒙古铁骑不断地跑马占地。1215年，强大的蒙古军队攻占了契丹人统治的燕京。忽必烈1264年颁诏以燕京为中都，作为蒙古帝国的陪都。

8年以后，忽必烈索性离开了自己的老巢，带着所有的马匹辎重浩浩荡荡地开进了中都，从此北京就成了蒙古王统治下的大中华版图的政治中心，中都也被忽必烈改成了大都，这就是元大都的来历。

由于忽必烈已经完全统一了中华版图，中都变成了大都，大兴土木肯定是必不可少的。

当时一个叫刘秉忠的汉人主持设计了"理想城"，他在设计元大都时坚持实践儒家"以礼治国"的理论。忽必烈便采用了他的设计，这是有史以来第一次按照"设计图纸"进行合理有序的规划而建立的城市。

大都的规划气势雄伟，建筑辉煌，外城呈长方形，周长达30多千米。建造了南、东、西各3个门，北2门，共11门。

城门外筑有瓮城，城四角建有高大的角楼。城墙外挖了宽达10多米的护城河，可以通船。

元大都还建设了水面辽阔的太液池，也就是后来的北海及中海、南海。在建筑元大都城池、水泽的同时，街道和民居的建设也开始了。中都的街道比较窄，房子与街道的衔接不是很流畅。

元大都的城市建设较好地克服了这一缺点，许多道路都拓宽并取直了。

全城街道的走向跟棋盘相似，横平竖直，纵横相交。东西和南北各有9条大街。在9条南北向大街的东西两侧，小街和胡同纵向排列，小街和胡同的宽度不足大街的一半，一头连着东边的大街，一头连着西边的大街。

居民的住宅都沿着胡同两侧排列，南边的门户对着北边的门户。这种布局形状上有点像"鱼骨刺"，最典型的是南锣鼓巷地区，直至后来一直保持着这样的布局。

这一时期的四合院基本都是方方正正，每个院落占地8亩，一排南房一排北房，还有

两侧的厢房。

从此，四合院的建造开始跨入了规模化和制式化的时代，有统一的标准、统一的规划、统一的材质和统一的建筑队伍。

当然，能住进新城里这些四合院的人绝不可能是一般的百姓，他们多是蒙古官吏或贵族。

有幸进入新城的汉民，也都跟蒙古新贵有着千丝万缕的联系，要不就是腰缠万贯的富商大贾。

元大都新城基本上成了一座官吏之城、贵族之城，一般穷人的影子很难寻觅。

知识点滴

四合院为什么一定要将宅门开在南边呢？

首先，这是元代建大都时的城市规划所框定的。元大都为棋盘式结构，南北为街，东西为巷。

街的主要功能为交通和贸易，巷就是我们所说的胡同，是串联住家的通道。因此，宅院的大门自然是开在南边最为合适。

其次，与传统的建筑风水学有关。北京地区的阳宅风水学讲究的是"坎宅巽门"，坎为正北，在"五行"中主水，正房建在水位上，可以避开火灾；巽即东南，在"五行"中为风，进出顺利，门开在这里图个吉利。

北京内城大户一般都是做官的，官属火，门开在南边，自然会官运亨通。

再次，华北地区风大，冬天寒风从西北来，夏天风从东南来，门开在南边，冬天可避开凛冽的寒风，夏天则可迎风纳凉，舒适宜人。

明清完善四合院

　　1368年，朱元璋称帝建国，同年8月，大将徐达攻占大都，改为北平，明朝建立。

　　明朝建立以后，对元大都的城市格局没做太大的改动，还将北部的城墙向里面缩了几千米，撤掉了健德门和安贞门两个城门，由原来的11个城门变成了9个城门。

　　内城的改造也是在元大都的基础上进行的，原来内城的四合院和街道基本都没有动，只是进行了整修和粉刷，改换了标志。比较大的动作是在内城闲置的大片空地上，建起了大量

的四合院民宅。

1421年，朱棣称帝后，都城从南京迁到北京，人口增长很快。从浙江、山西等处迁进数以万计的富户，住房建设成为当务之急。这时期，制砖技术空前发达，促进了建筑业和住宅建设的发展。

明朝统治者先后在钟鼓楼、东四、西四、朝阳门、宣武门、阜成门、安定门、西直门附近的空地上建设了数千套四合院，以适应人口大量激增的需求。

总体来说，这一时期四合院规模都很小，当然麻雀虽小五脏却俱全，都有北房、南房、东房和西房。

这些四合院突破元大都建造四合院必须占地8亩、不能多也不能少的限制，有大有小，因地而宜，地方大就大一点，地方小就小一点。

也不严格限制必须是方方正正，如果空间不够用，长方形、扁方形的都可以。

样式也更加灵活，建筑的高度、屋脊的样式、门户的大小和走向，都可以灵活掌握，使四合院更加适应居住的需求。

为了发展工商业，明朝统治者在北京南城一带建了很多铺面房，称之为"廊房"，用以"招民居住，招商居货"，前门附近的廊坊头条、二条、三条就是当时建造的铺面房。

朝代的更迭使四合院里的居住成分也发生了变化，不再仅限于达官贵族和富商大贾，相当多京城的土著和应召来京的工匠都住进了灰砖灰瓦的四合院。

清朝统治者占领北京以后，基本认可了元明两代的城市格局，没有做特别大的变动。清初实行满汉分住，内城被辟为八旗兵驻地，原来居住在内城里的汉民要全部搬到外城去，主要迁往南城一带。

内城里的八旗兵按照满人传统的规矩排列。其左翼镶黄旗居安定门内，正白旗居东直门内，镶白旗居朝阳门内，正蓝旗居崇文门内；其右翼正黄旗居德胜门内，正红旗居西直门内，镶红旗居阜成门内，镶蓝旗居宣武门内。

八旗兵进驻内城，并没有采取激烈的驱赶汉民的政策，当时清政府出台了一个通告："凡汉官及商民等尽徙南城居住，其原房屋拆去另盖或贸卖取价，各从其便。让户部、工部详查房屋间数，每间给银4

两，作为搬迁费用，并限年终搬尽。"

城内汉人的房子腾空以后，当时很少有汉人将原来的房子扒掉以后异地重建，都采取的是贸卖取价，拿钱走人。

汉人搬迁以后，八旗兵及其眷属就住了进去，他们对四合院似乎很欣赏，住在里面乐不思蜀。级别高一些的将领和贵族，把原来的四合院翻新改造，院子里搞起了花园，大门里新建了影壁，使四合院更加富有情调。

清代四合院的规模也获得了空前的发展，许多四合院都是三进、四进、五进甚至更多。比如清代乾隆年间权相和珅的住宅，后为恭王府的一部分，就是一个十三进的大四合院。

和珅四合院的中轴线上，共排列着13座规模宏伟的大四合院，而且院落里有花园、假山、池塘、水榭、庭院，气势宏伟，景色秀丽。

而从内城搬出去的汉民在拿到了清朝政府的补偿后，在南城也大量建造各种各样的四合院，以满足栖身需要。由于土地的紧张，加上补偿款的不足，汉人新建造的四合院大多很简陋，占地也很小。

当然也有少量有钱的汉人，他们建造了跟内城四合院毫不逊色的四合院。有一些汉人在朝廷里做官，但他们也不能住在内城，所以南城也出现了一些高端的四合院。

康熙年间官至刑部尚书的著名诗人王士祯就住在南城虎坊桥一带的保安寺街，他的四合院建得比内城的四合院还好，当时人们称其住所是"龙门高峻，人不易见"。

但南城绝大多数的四合院都很简陋，院落狭窄，质地粗糙，院墙

矮小，门户单薄，并且胡同窄小，街道局促。

政府的无为而治倒使南城一带的商业很快繁荣起来，这样一来，外城的街道布局及房宅式样越来越适应商业的需求，所有的临街四合院都被改造成店铺和商号。

元代四合院的工字形布局在明清四合院里也基本被淘汰，而代之以正房、厢房、抄手游廊等组成的更合理的布局。民间有"天棚、鱼缸、石榴树，老师、肥狗、胖丫头"的顺口溜，说的就是清代的北京四合院。

知识点滴

在等级森严的王朝制度里，人和人之间因为社会地位的不同存在着巨大的差异，这很大程度体现在住宅上。

大官高官就住大房子好房子，一般的官吏就住一般的房子，布衣平民自然就要住品质最差空间最小的房子。没有功名即便有钱也不行，腰缠万贯的平民也不能随意盖房子。

什么人住什么房子，这是封建王朝一条不能破的清规戒律。即便是在官府里做官的人，或者是皇亲国戚，也不能随便建造房屋，要严格按照皇家制定的规制行事。

清代的建筑规制比明代的更细致，清朝每个皇帝上台都要亲自制定各级官吏及皇亲国戚宅院的建筑标准。正房几间，厢房几间，房基多高，大门多大，涂什么颜色的油漆，砖瓦是什么质地，都是有严格规定的。

如果有谁敢在京师建造一个跟一品官员和坤一样十三进的四合院，那脑袋就有可能保不住了。

四合院里的文化内涵

　　北京现存最多的是清代末年和民国时期建造的四合院，据统计，1949年北京市住宅中94%是平房四合院。这些中式楼房和平房、四合院多建于晚清和民国时期，明朝的四合院已经不多见了。

　　民国时的四合院也是从清朝末期演变而来的，当时皇室威严一落

千丈，王公大臣风光不再，甚至生存都成了问题，于是许多落魄的满人将祖上留下的房产变卖以维持生计。

推翻了旧朝代后，人气越来越旺盛，收入越来越丰厚，还有一些做生意发了财的富商大贾，落魄满人的房产就成了这些人的收购对象，他们买下以后加以翻新改造，建了不少高端的四合院，有的还融进了西洋样式。

随着满族势力的衰落，内城里的满人越来越少，汉人越来越多。这时候，四合院里的情况开始变得复杂起来，不少四合院里居住的人不再是单一的家庭了，一般都是两家，但也有少数四合院出现3家共住或4家共住的情况。

这个时期的人不习惯和陌生的人合居在一个四合院里，经过一段时间的演变，有的是原房东有了经济实力重新买回了自己卖出的房子，这样四合院就重新恢复了一个大家族居住的局面。

在看似严肃的四合格局之中，院内四面房门都开向院落，又通过庭院和中轴甬道沟通，形成一个和睦环境，一家人和美相亲，其乐融融，同时宽敞的院落中还可植树栽花、饲鸟养鱼、叠石假山，居住者尽享生活之乐。

由"合"而"和"，体现着传统的中国风味，也体现出"天人合一"的思想。四合院得天时，有地利，材又美，工又巧，符合自然规律，属于真正的良居。

中国人居住的空间里边必须包含着一部分没有房子的空间，也就是庭院，庭院直通宇宙空间，从而营造出一个和大自然相通相近的环境。如果上升到哲学观点上，这就是天人合一的境界。

四合院的装修、雕饰、彩绘也处处体现着民俗民风和传统文化，表现出人们对幸福和吉祥的追求。

如以蝙蝠、寿字组成的图案，寓意福寿双全；以花瓶内安插月季花的图案寓意四季平安；而嵌于门簪、门头上的吉祥词语，附在抱柱上的楹联，或颂山川之美，或铭处世之学，充满浓郁的文化气息。

四合院也是我国传统建筑文化的体现。首先四合院房屋的设计与施工比较容易，所用材料十分简单，都是青砖灰瓦黄松木架，砖木结合，符合建筑力学。

在木架制造上，也充分体现和传承着传统的木构造艺术，包括各种构件、不同规格方式的榫卯结构等，都是传统建筑工艺的体现。

院落的整体建筑色调多为灰青，给人印象十分朴素，屋里是方砖地，窗明几净，屋外绿植满眼，也是建筑美学的体现。

四合院的营建极讲究风水和禁忌，风水学说实际是我国古代的建筑环境学，是我国传统建筑理论的重要组成部分。四合院大门都在巽位上，就是"坎宅巽门"风水学说的实际运用。

同时，在房屋布置、装饰上，在庭院树木栽植上，也有很多禁忌风俗。

有的院落在一进门处的正对面，修建一个影壁砖墙，也是民间风水文化的一种体现。

影壁一般都有松鹤延年、喜鹊登梅、麒麟送子等吉祥的图案，或福禄寿等象征吉祥的字样，除去给庭院增加气氛，祈祷吉祥之外，也起到使外界难以窥视院内活动的隔离作用。

知识点滴

四合院中的老北京人把所喜欢饲养和赏玩的种种动物多称为"玩物"，而很少用时下最流行的"宠物"一词。单单这个玩物中，就蕴涵着丰厚的文化内涵。

老北京四合院里的宠物大致分起来有4类，一是鸟类；二是虫类；三是鱼类；四是兽类。

饲养宠物既是老北京人的一种嗜好，也是四合院文化的重要组成部分。人们在玩赏宠物之中得到的是一份精神上的愉悦与享受，使四合院里的生活更富情趣。

老北京经常饲养的鸟儿和飞禽就有10多种，什么画眉、百灵、黄雀、玉鸟、鹦鹉、八哥、相思鸟、文鸟、鸽子等，仅鹦鹉按体型就分为大中小类，最常见的是虎皮鹦鹉、小五彩鹦鹉、葵花鹦鹉等。

相守四合院的胡同

　　胡同，是元朝的产物。蒙古人把元大都的街巷叫作胡同。据说，胡同在蒙古语里的意思是指"水井"。

　　13世纪初，蒙古族首领成吉思汗率兵占领中都，烧毁了城内金朝的宫阙，使中都城变为一片废墟。之后，新兴的元朝重建都城，称为大都。大都城分为50多个居民区，称作坊，坊与坊之间为宽度不等的

街巷，全城总计有400余条。

元大都是从一片荒野上建设起来的。它的中轴线是傍水而划的，大都的皇宫也是傍"海"而建。

因此，其他的街、坊和居住小区，在设计和规划的时候，不能不考虑到井的位置。或者先挖井后造屋，或者预先留出井的位置，再规划院落的布局。无论哪种情况，都是"因井而成巷"。

明灭元之后，就在元大都的基础上重建了都城，称为北京。北京城街巷胡同增加至1100多条。

清朝建都后，沿用北京旧城，改称京师。内城街巷胡同增至1400多条，加上外城600多条，共计2000余条。

现在随着城市现代化建设的深入，为了使胡同这一古老的文化现象延续下去，北京市政府将一些特色胡同确定为历史文化保护区，这对保护古都风貌起到了重要的作用。

北京的大小胡同星罗棋布，每条都有一段掌故传说。胡同的名称，作为事物的代号是必须要有的，人们对胡同的最初命名，是根据其某一方面的特征，经过流传，最终被大家所接受并确定下来的。

北京宣武门外有一条叫丞相胡同的横街，即因严嵩曾在此居住而得名。严嵩是明代有名的奸臣。他做宰相时，他的府邸就在菜市口的丞相胡同。他的宅子十分宽大，整整占了丞相胡同一条街。

传说严嵩的家财无数，豪华无比，他宅子的阴沟里每天流出来的全是白米。严嵩在朝中，与儿子严世蕃一起培植党羽，欺上瞒下，清除异己，营私舞弊，无恶不作。发展至最后，就连皇帝也渐渐地对他不放心，厌恶其行径了。于是就降旨将严世蕃治罪伏法，随后又把严嵩从朝廷中轰了出来。

传说，严嵩在被轰出朝廷时皇帝让人给他一只银碗，叫他以后去沿街要饭。严嵩没法儿，真的端着这银碗出去要饭了。他开始总是拉不下脸来，后来饿得实在不行了，就把银碗揣在怀里，找人少的地方去。

一天，严嵩来到地安门外大街的一条小胡同里，他的肚子饿得直叫，但又实在张不开口，于是只得一人没精打采地乱转。

忽然，一家的院门被打开了，从里边扔出一堆白薯皮，严嵩看到后馋得直流口水，他望望前后没人，便像饿狗似的，抓起几块白薯皮装在碗里。

说来也巧，这时一个衙役走了过来，一眼就认出了他，于是随口喊道："这不是相爷吗？"

严嵩一听，吓了一跳，头也没抬，就像耗子一样跑了。从此，人们就把这条胡同叫成了"一溜儿"胡同。

自此，严嵩就再也不敢随街捡饭吃了。后来他便专到庙里要饭，但被老和尚训斥了一顿，赶了出来。以后严嵩就连庙宇也不敢去

了。

　　严嵩吃不到东西了，没办法，他只好端着他那银碗，挨门挨户地去要，可是无论谁家，只要看出他是严嵩，就都不给他饭吃。

　　就这样，没过多久，严嵩就支持不住了。一天，当他走到一条胡同里时，终于倒在地上，银碗摔出好远，爬不起来了。

　　此后，人们便把严嵩摔银碗的那条胡同叫银碗胡同，而那条东西胡同，就叫作"官帽胡同"了。

知识点滴

　　灵境胡同，是位于北京西单地区一条东西向的胡同。早在明朝时，灵境胡同分为东西两部分，东段因坐落有灵济宫，因此被称为"灵济宫街"；西部南侧有宣城伯府，因此称"宣城伯后墙街"。

　　清朝时，以西黄城根南街为界，东段因原灵济宫逐渐变读为灵清宫、林清宫，因此被称为"林清胡同"，西段则称"细米胡同"。

　　20世纪初期，东段改称为黄城根，西段则称为灵境胡同。直至1949年后，两段才并称为灵境胡同。

　　据说这条胡同名称源于一座道观，观名为洪恩灵济宫。灵济宫地势宽敞，殿堂宏伟壮观，始建于明朝，是为祭祀南唐人徐知证和徐知谔兄弟俩而建的。传说，徐氏兄弟有着神奇的本领，喜欢助人为乐，替人排忧解难。洪恩灵济宫在明朝时，香火鼎盛。

　　至清代，灵济宫就不那么红火了。灵济宫的名称，在人们的口传中，以讹传讹，把灵济变成了灵清，后来又转成了灵境。道观所在之地也就成了灵境胡同了。

开平碉楼

　　开平碉楼位于广东省江门市下辖的开平市境内，是我国乡土建筑的一个特殊类型，是集防卫、居住和中西建筑艺术于一体的多层塔楼式建筑。其特色是中西合璧的民居，有古希腊、古罗马及伊斯兰等多种风格。

　　根据现存实证，开平碉楼约产生于明代后期。其丰富多变的建筑风格，极大地丰富了世界乡土建筑史的内容，改变了当地的人文与自然景观。

　　作为近现代重要史迹及代表性建筑，开平碉楼被国务院批准列入第五批全国重点文物保护单位名单。

远涉重洋寻金山梦

　　早在16世纪中叶，我国广东省开平市就有人远渡重洋，到东南亚一带谋生。至19世纪中期，开平则出现了大规模移民的现象。

　　1840年，鸦片战争爆发，清政府腐败无能，民不聊生，同时开平

又爆发了大规模的土客械斗，旷日持久，人人自危。

此时，恰遇西方国家在我国沿海地区招募华工去开发金矿和建筑铁路，于是，开平人为了生计，背井离乡远赴外洋。从此，开平逐步成为一个侨乡。

在鸦片战争后30多年的时间里，美洲的华工已多达50万，巴西的茶工、古巴的蔗工、美国的淘金工、加拿大的筑路工……在远离故土的地方，华工靠出卖自己的血汗讨生活。

后来，又有一批批侨乡人移民海外，致使开平有一半人走出家园。出去的人努力打造自己的"金山"梦，将一笔笔血汗钱寄回家乡。

于是，留声机、柯达相机、风扇、浴缸、饼干、夹克……这些在当时极为稀罕的事物便构成了开平人富足甚至可称奢侈的生活。

中国人强烈的"衣锦还乡""落叶归根"的情结使他们中的大多数人挣到钱后首先想到的就是回家买地、建房、娶老婆。于是，在20世纪二三十年代形成了侨房建设的高峰期。

但是，我国在当时兵荒马乱，盗贼猖獗。又由于开平侨眷、归侨生活比较富裕，土匪便集中在开平一带作案。

据粗略统计，仅1912年至1930年间，开平较大的匪劫事件就有70余宗，杀人百余，掠夺财物无数。一有风吹草动，人们就收拾钱财，四处躲避，往往一夜要惊动好几次，彻夜无眠。稍有疏忽，就会有家破人亡的结果。匪患猛于虎，在当时民谣流传着"一个脚印三个贼"的说法。

土匪还曾3次攻陷当时的县城，有一次连县长也被掳去。在这种险恶的社会环境下，防卫功能显著的碉楼应运而生。

1922年12月的一个晚上，北风呼啸，寒雨淋漓，100多个贼匪乔装打扮，突袭了有很多华侨子弟就读的开平中学，他们将校长及师生掳去，准备将这些师生押回贼窝，然后通知其亲属交钱赎人。

众贼匪途经赤坎镇英村时，被该村宏裔楼的更夫发现。楼上的人立即拉响警报器，并用探照灯将贼匪照得清清楚楚，他还开枪将一些贼匪击伤，在村民的配合下，擒获贼匪10多名，救回了校长和学生。

此事随即轰动了全县，海外华侨闻讯，觉得碉楼在防范匪患中起了重要作用，因此，在外节衣缩食，集资汇回家乡修建碉楼，并在碉楼里配置枪支弹药、

发电机、探射灯、警报器等设备，用以抗击贼匪，保卫家园。于是便有了"无碉楼不成村"的说法。

一些华侨为了家眷安全，财产不受损失，在回乡修建新屋时，也纷纷将自己的住宅建成各式各样的碉楼。这样，碉楼林立逐渐在开平蔚然成风。

先后建造起来的碉楼具有防卫、居住两大功能，可分为更楼、众楼、居楼3种类型。更楼出于村落联防的需要，多建在村口或村外山冈、河岸，起着预警作用。

众楼建在村落后面，由若干户人家集资共建，其造型封闭、简单，但防卫性强。居楼也建于村后，由富有的人家独资建造，楼体高大，造型美观大方，往往成为村落的标志。

在建造碉楼的过程中，侨民们也有意识或无意识地仿照了国外的各种建筑风格。既有我国传统的硬山顶式建筑、悬山顶式建筑，还有中西结合的庭院式、别墅式等。

　　在碉楼里看到的不止是一些单纯建筑上的中西融合，还能看到一种颇具智慧的创造以及表达生活愿望的融合。比如碉楼里的意大利地板砖、德国的马桶、英国的香烟盒等文物和"舞狮滚地球"的壁画等。

　　一年年、一代代，侨民们背靠故土，眼望世界，逐渐形成开放、包容的心态。开平，既是一个继承了传统的侨乡，也是一个联通着世界的侨乡，就是在这里流传着旅美华侨谢维立和他的二太太谭玉英之间的感人故事。

　　谢维立在海外漂泊半生，中年时思乡心切，于是带着半生积蓄回到故土，修建了有"开平大观园"之称的"立园"。

　　从1926年开始，"立园"开始修建，至1936年最终落成。除了精巧的布局，精致的装潢堪称经典之外，"立园"中的毓培楼和花藤亭更惹人遐思。

据说有一天，谢维立和仆人泛舟运河之上，仆人捕到一条硕大的红鲤鱼，谢维立见那鲤鱼周身通红，甚为喜人，于是将其放生。当晚，他便做了一个梦，梦中有个美貌女子朝他微笑，似有答谢之意。

又过了几天，谢维立上街遭遇大雨，忽有一妙龄女子撑伞相助，而这位女子的长相竟然与那日梦中女子一模一样。谢维立遂将其娶为二太太，这名女子，就是谭玉英。

谢维立专门为谭玉英在"立园"中修建了一个巨大的花架，叫作花藤亭，又名花笼。顶部仿英国女王金冠而建，四壁用钢筋水泥做成花笼，一年四季，花开不辍。

岂料，谭玉英19岁嫁入谢门，19岁便香消玉殒。等谢维立闻讯从美国赶回时，只能对着照片中的倩影哭诉衷肠了。

为了纪念爱妻，谢维立又在园中修建了毓培楼，内有4层建筑，每一层地面精心选用图案，巧妙地用4个"红心"连在一起，也许那正是园主对爱妻心心相印的情怀。

赤坎镇新安村的村民谭积兴与其夫人余怀春的悲剧，就是典型的华侨家庭的例子。

1904年，谭积兴婚后不久即赴加拿大谋生，离乡时妻子已怀有身孕。次年，余怀春产下一女，独自抚养。抗战时期一家人经常挨饿，谭积兴自离家后也一直未能存够归国的盘缠。

直至1959年，谭积兴才有机会到香港和妻子见了一面。这一面，也是两人的最后一面，两年后余怀春就病逝了。这对夫妻从结婚至死亡，一生只见了两次面。而作为父亲的谭积兴则终生未见过在家乡的女儿，最后客死异域。

知识点滴

防范匪患建造碉楼

明朝末年，战事频仍，社会动乱，中原地区人民纷纷南下避难。一位姓关的老伯带着家眷，来到了广东开平的赤坎一带，当时这里叫驼驮。此地是冲积平原，水草茂密，芦苇丛生，成群的水鸭飞来飞去，啄食鱼虾。

关姓老伯看到此地山清水秀，土地肥沃，物产丰富，是立村开族的好地方。于是，他就与家人一起，在这里安安稳稳地定居下来。他特别喜欢芦花，就在河岸上的芦丛旁边筑了一个书斋，叫"芦庵"，大家就叫他"芦庵公"。

数十年的休养生息，芦庵公的后人

人丁兴旺。另外，一些从北方南迁的人家也陆续来到这里聚居。几个村落就这样形成了。芦庵公所在的村子叫井头里，与井头里毗邻的是三门里。

当时朝政腐败，盗贼猖狂，老百姓深受其害。为了保障家族和乡邻生命财产的安全，芦庵公的第四个儿子关子瑞，在井头里兴建了一座3层高的碉楼，叫瑞云楼。

瑞云楼为砖石结构，非常坚固，一有匪情，井头里和三门里的村民就都躲进楼里暂避。后来，人口逐渐增多，瑞云楼容纳不了两个村子的群众。

芦庵公的曾孙公圣徒决定在三门里兴建"迓龙楼"。他的夫人也拿出私房钱，与他共襄善举。

400多年来，在抗匪和防洪的斗争中，瑞云楼和迓龙楼起了很大的作用。由于村民对这两座碉楼感情深厚，悉心保护，不断维修，所以它们完好地保存了下来。

迓龙楼是典型的传统式碉楼。楼高3层，占地面积152平方米。碉楼四角突出，每层四角均有枪眼，底层正面开有一圆顶门，门的两边各开一个四方形的小窗，二三层正面各开3个四方形小窗。

每层均分中厅和东西耳房，楼顶为我国传统建筑硬山顶式。由于

"迓"字人们在口头上少用，便在书写楼名时改为"迎龙楼"。门口上方有"拔萃"两字。门口两边还写有"迎貔瑞稔，龙虎气雄"的对联，后被铲去。

开平塘口镇自力村，在立村之初，该地只有两间民居，周围均是农田，后购田者渐多，又陆续兴建了一些碉楼。

碉楼楼身高大，多为四五层，其中标准层为二三层。墙体的结构，有钢筋混凝土的，也有混凝土包青砖的，门、窗皆为较厚铁板所造。

建筑材料除青砖是楼冈产的外，钢筋、铁板、水泥等均是从外国进口的。碉楼的上部结构有四面悬挑，四角悬挑，后面悬挑。

建筑风格方面，很多带有外国的建筑特色，有柱廊式、平台式、城堡式的，也有混合式的。

为了防御土匪劫掠，碉楼一般都设有枪眼，先是配置鹅卵石、碱水、水枪等，后又有华侨从外国购回枪械。配置水枪的目的是，因水枪里装有碱水，当土匪靠近时喷射匪徒的眼睛，使其丧失战斗力，知难而退。为了增强自卫能力，很多妇女都学会了开枪射击。

这些碉楼，有的根据建楼者从外国带回图纸所建，有些则没有图纸，只是出于楼主的心裁。楼的基础惯用三星锤打入杉桩。打好桩后，为不受天气的影响，方便施工，一般都搭一个又高又大的帐篷，将整个工地盖着。

居庐的主要功能是居住和生活。自

力村的居庐多为三四层，楼体开展、门窗开敞，均为铁制；为了防贼，庐的前后门上方开枪眼，居庐还筑有燕子窝。

该村先后建筑了龙胜楼、养闲别墅、球安居庐、云幻楼、居安楼、铭石楼、逸农楼、叶生居庐、官生居庐、兰生居庐、湛庐等。

这些先后建起来的碉楼组成了后来有名的自力村碉楼群，在防匪贼方面，发挥了重要的作用。

清朝康熙年间，开平月山镇龙田村有一个远近闻名的商人叫许龙所。

一天清晨，许龙所的妻子黄氏去赶集，直至月亮升起，还没有回来，许龙所有一种不祥的预感袭上了心头。

正在许龙所着急的时候，忽然，有人从门口外扔进院里一包东西，里面是一张字条，字条上歪歪斜斜地写着"白银万两，钱到放人"8个字。

许龙所父子商议，决定筹钱救出黄氏。谁知赎金还没有送去，却等来黄氏在跳崖之前托人带来的血书。血书上写道："母不必赎，但将此金归筑高楼以奉尔父足矣！"

许龙所的儿子遵照母亲遗嘱筑了一座4层高的坚固碉楼，取名"奉父楼"。奉父楼建成后便成为村民的庇护所。一有匪情，村民们都到奉父楼里躲避，贼人唯有望楼兴叹。

风格各异的开平碉楼

　　开平碉楼体现了近代中西文化的广泛交流，它融合了我国传统乡村建筑文化与西方建筑文化的独特建筑艺术，成为开平侨乡历史文化的见证，也是那个历史时期，我国移民文化与不同族群之间文化的相互交融，并促进了人类的共同发展。

开平碉楼具有丰富多变的建筑风格，凝聚西方建筑史上不同时期的许多国家和地区的建筑风格，成为一种独特的建筑艺术形式，它极大地丰富了世界乡土建筑史的内容，改变了当地的人文与自然景观。

开平市内，碉楼星罗棋布，城镇农村，举目皆是，多的一村10多座，少的一村两三座。

从水口至百合，又从塘口至蚬冈、赤水，连绵不断，蔚为大观。

这一座座碉楼，是开平政治、经济和文化发展的见证，它不仅反映了侨乡人民艰苦奋斗、保家卫国的一段历史，同时也是活生生的近代建筑博物馆，一条别具特色的艺术长廊。

开平碉楼为多层建筑，远远高于一般的民居，便于居高临下的防御；碉楼的墙体比普通的民居厚实坚固，不怕匪盗凿墙或火攻；碉楼的窗户比民居开口小，都有铁栅和窗扇，外设铁板窗门。

碉楼上部的四角，一般都建有突出悬挑的全封闭或半封闭的角堡，俗称"燕子窝"。

角堡内开设有向前和向下的射击孔，可以居高临下地还击进村的

敌人。同时，碉楼各层墙上都开设有射击孔，这就增加了楼内居民的射击点。

开平碉楼种类比较繁多，若从建筑材料来分，可以分为：石楼、夯土楼、砖楼和混凝土楼。

石楼主要分布在低山丘陵地区，在当地又称之为"垒石楼"。墙体有的由加工规则的石材砌筑而成，有的则是把天然石块自由垒放，石块之间填上土来粘接。目前开平现存石楼仅10座。

夯土楼分布在丘陵地带。当地多将此种碉楼称为"泥楼"或"黄泥楼"。这种碉楼历经几十年的风雨侵蚀，仍然十分坚固。现存100多座。

砖楼主要分布在丘陵和平原地区，所用砖有3种：一是明朝土法烧制红砖；二是清朝和20年代初期当地烧制的青砖；三是近代的红砖。

用早期土法烧制的红砖砌筑的碉楼，目前开平已很少见，迎龙楼早期所建部分，是极其珍贵的遗存。

青砖碉楼包括内泥外青砖、内水泥外青砖和青砖砌筑3种。少部分碉楼用近代的红砖建造，在红砖外面抹一层水泥。目前开平现存砖楼近240多座。

混凝土楼主要分布在平原丘陵地区，又称"石屎楼"或"石米楼"，多建于20世纪初期，是华侨吸取世界各国建筑不同特点设计建造的，造型最能体现中西合璧的建筑特色。

整座碉楼使用水泥、沙、石子和钢材建成，极为坚固耐用。由于当时的建筑材料靠国外进口，造价较高，为了节省材料，有的碉楼内面的楼层用木阁做成。目前开平现存混凝土楼1470多座。

中西合璧，也就是亦中亦西、亦土亦洋的建筑风格，开平现存的碉楼千姿百态，无一座完全相同，根据上部的造型，又可分为：柱廊式、平台式、城堡式和混合式4类。

柱廊式碉楼比较多。等距离排列的西式立柱与券拱结合，呈开敞状，显得典雅富贵。碉楼的柱廊多为步廊，有一面柱廊，三面柱廊和四面柱廊之分。

柱廊是一种源自希腊神庙的古典建筑样式，古罗马建筑中也经常出现。古罗马建筑柱廊式的经典代表是雅典娜女神庙。

柱廊的券拱造型多数是采用古罗马的券拱，带有明显的罗马建筑风格。另外欧洲中世纪哥特式建筑风格的尖券拱和具有伊斯兰建筑风格及富有装饰性的花瓣形券拱，在开平碉楼也有表现。

平台式碉楼不像柱廊式上面覆顶，而是露天的，造型显得开放。平台的围栏多数是通

过实心混凝土栏板，在外墙进行细部处理，增加其装饰性。也有围栏采用西方华丽的古典栏式，比如古罗马建筑中的多立克、爱奥尼克、塔司干风格的栏杆也有所运用。

城堡式碉楼采用的是中世纪欧洲城堡封闭的圆柱体和教堂顶部塔尖装饰的建筑要素，楼体的开窗和射击孔都注重与其上部的造型风格相协调。这类碉楼远看就像欧洲的城堡。

混合式碉楼即是以上几种形式的混合体，这种形式的碉楼在开平碉楼中非常地常见，或柱廊与平台混合，或柱廊与城堡混合，或平台与城堡混合，或三者混合。

混合式的碉楼更显华贵。其实这些散落在岭南之角的外国建筑风格的碉楼大多是混杂着多种文化艺术建筑，他们没有过多地追究要建特定类型的建筑，根据的是主人的爱好以及其在外吸收的建筑经验。

因而，开平碉楼的建筑风格集中世纪众多典型建筑风格于一身。

开平碉楼荟萃着众多西欧建筑特色，如希腊罗马的柱廊式，西欧哥特式，意大利巴洛克式，欧洲的古堡式等。

随着历史的延伸，开平碉楼以其非凡的魅力，吸引着世人的眼球，向世人诠析着开平人非凡的技艺，洋为中用，模仿而非抄袭，结合自身的岭南风格，开创出独特的建筑艺术风格。

这些不同风格流派、不同宗教门类的建筑元素在开平表现出极大的包容性，汇聚一地和谐共处，形成一种新的综合性很强的建筑类型，表现出特有的艺术魅力。

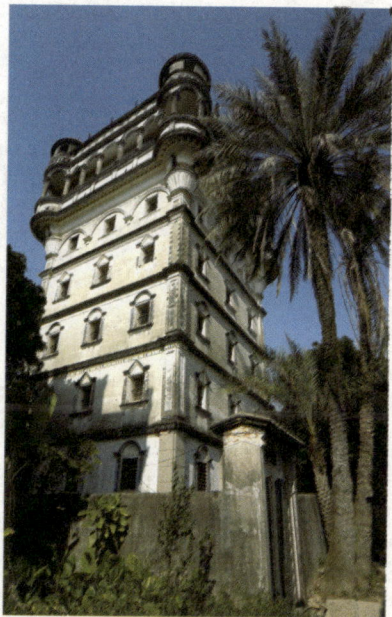

瑞石楼号称"开平第一楼"，坐落在开平市蚬冈镇锦江里村后左侧。楼高9层，建于1923年，是开平市内众多碉楼中原貌保存得最好、最高的一座碉楼，堪称开平碉楼之最。

说它是"开平第一"，不仅是高度上第一，外观上也是别的碉楼难以相比的。楼的顶部有3层亭阁，凸现西方建筑独特风格，其中以四周的罗马穹隆顶和拜占庭造型最为显著，给人以异于常态的美感。

当年59岁的黄璧秀因父母和妻子在家乡居住，为了家人的安全，所以他不惜投入巨额资金，于1923年筹建家居碉楼，1925年竣工，历时3年。楼建成以后，他便以自己的号取名，叫"瑞石楼"。

知识点滴

碉楼楼名及楹联文化

　　开平现存的碉楼与居庐，除个别"无字楼"外，基本都有属于自己的名号。这些碉楼除楼名的文字记录外还有不少对联，这些文字就如同一张张定格的历史存照，供人凭吊、欣赏与研究。

开平众多的碉楼中有一种楼名是反映当时社会治安状况及人民对和平安定的诉求的。因此说在开平村野上高耸着的碉楼群中，带"安"字号楼名的碉楼特别多，其中各地出现频率较高的如"镇安""保安""建安""靖安"和"联安"等楼名。

土塘地处开平马冈镇与塘口镇交界处，是当时出名的贼窝，靠近土塘一带的村庄，被称为"贼佬碗头"，就是菜盆的意思，贼人无食无用的时候，就会来此搜掠。因此，在塘口镇四九、卫星、龙和一带的村前防卫特别森严，兴建的碉楼也特别的多，特别坚固。

还有一种碉楼名字是反映侨乡人温和淳厚的道德民风的，比如"慈安""慈乐""厚和""侨安""远安""义安""家谐""仁和""齐家""恋家""爱亲""叙伦""孙怀""佑康"等楼名，这些名字最能反映当时侨乡人人隔万里，两地相思的离愁别绪。

塘口镇龙和村旅美华侨陈以林于1921年归乡建了一座4层高的居楼，命名"居安"，他还郑重其事地题了副门联："居而求志，安以宅人"，他把愿望挂在门前以明志。

有些感情含蓄的楼主，还通过借喻、隐晦的手法，托楼名以表心意，如"秩楼""椿元""椿萱""昆仲""棠棣""寸草""爱吾"等。古文中的"椿萱"，喻为父母；"昆仲"指的是兄弟；"棠棣"的

"棣"也通兄弟的"弟";"寸草"则借孟郊《游子吟》中"谁言寸草心,报得三春晖",道出自己建楼报父母恩之意。

塘口镇龙和村龙蟠里吴龙宇、吴龙其兄弟建了一幢4层楼的居庐,取名"永福"楼,并在门前加添了对联"永久蚸蠓如广厦,福常宠锡在本楼"作注脚,道出自己建楼可利己利人,又希望新楼既立,能更加得到父母的恩宠。

月山镇大湾村是较典型的华侨村。村前鱼塘相隔,村后籁竹环护,村头楼式闸阁,村中近10座楼、庐各有风采,其中最显眼者当数李嘉、李常炳两家。20世纪中叶这两家是当地出了名的华侨,他们购田建楼,各尽其美。当时村人还编有民谣说:

千家万家不及李嘉,

千顷万顷不及常炳。

可知他们当时富庶的程度。这两位老人不但楼建得美,而且别出心裁地在家里开挖了水井和地下室及外出通道。其中李嘉居楼命名为"朗照别墅",常炳楼则书"万福咸臻"。

在这种竞美风气的感染下，村中"安然别墅""五权庐"及村中侨居文化气味特别浓，所见壁画、对联、吉祥语特别多，共通的有"怀忠孝信义，喜博爱和平""龙图启瑞，凤纪书元""吉光久远，庐振书香"等。

还有些楼名蕴涵碉楼背后深沉的历史文化。比如开平最早的碉楼是建于赤坎镇芦阳村三门里的"迎龙楼"。该楼按族谱记载，约建于明嘉靖年间，倡建者为"圣徒祖婆"，占地152平方米，红砖土木结构，楼高3层，初名"迓龙楼"。

何谓"迓龙"，该村位于罗汉山下游，大雨降临，山洪暴发，村人就得收拾细软，携男带女往高处逃。圣徒祖阿婆见此，变卖首饰以首倡，并发动村人集资建了"迓龙楼"。

取名"迓龙"，其含意是，善待龙王，欢迎与它为友，使它莫再生洪水为害村民。

事实上，"迓龙楼"建成后，天灾人祸依然不断，但它在很长的

一段时间内也真正担当起为村民消灾避祸的壁垒的作用。

1919年，村人见楼体破烂，便集资重修，拆第三层用青砖重建，并顺潮流使用新文化更名为"迎龙楼"。同时请村中有名的才子，写了首层和顶层两副对联。顶层联写道："迎龙卓拔，楼象巍峨"，首层联是"迎猫瑞稔，龙虎气雄"。

无独有偶，在大沙镇大塘村也有一座同名的"迎龙楼"。该楼约建于清代同治年间，楼高3层，保存较为完好，可惜楼上字迹已剥落。

关于这座楼名，村中一老先生解释说，大沙五村处有座状元山，龙是从山毛岗经水桶坳回状元山的。建此楼就是希望把它迎来此处，歇歇脚，显显龙气。

说也奇怪，自从该村建了迎龙楼后，村里先后出过好几位名人，其中陈宗毓、陈孝慈均是清末民初的举子，陈宗毓曾任恩平县长。

迎龙楼最初只有楼名没有对联，后来陈宗毓回乡探亲，为楼写了两副对联，正门口联是"迎来门外双峰石，龙伏冈中百尺楼"；后门联是"占凤门开迎瑞气，贪狼阁峙显文章"。

迎龙楼两联写罢，这位老夫子意犹未尽，又给村中另一座无名碉楼安了个名字"继美楼"，并为这座楼题了联："继晷焚膏追往哲，美人香草慕前贤"。陈宗毓改名、题联之后，为两楼增色不少，并一直被村人传为美谈。

大沙镇是开平最边远的山区镇之一，位于西水的竹莲塘村，更是山上加山。然而，在这个小山村的村后，却巍然屹立着两座石垒的碉楼，"竹莲楼"和"竹称楼"。其中"竹称楼"最为壮美。

"竹称楼"是竹莲塘村民为防匪患，自己动手，拾山石、烧石灰而垒起的四层高的碉楼。此碉楼曾先后有过两次击溃土匪头企图劫村的纪录，为保卫村民的生命财产安全立过大功，如今楼身上的伤痕，便是这位真君子不平凡经历的见证。

有一些碉楼名字借楼寄意，排解个人情感。比如，三埠逕头龙溪里旅美华侨李成伦，青年时在美国旧金山唐人街是出了名的戏剧演员，人称"小生记"，可惜在一次演出中不慎得罪了权贵，后来，他返回家乡，独资在家乡建了一幢洋楼，取名"索居庐"，并配上门联曰："盘溪甚水，农圃为家"。

由失宠、惊怕到落叶归根、索居闲处心头是一种解脱，一种释放，于是用楼名"索居"记之。

在塘口四九村西角坊闸口正对村头，屹立着一座带小庭院的居庐，名为"翰苑"，对联是"翰留香墨；苑发奇葩"。字体刚劲有力，名、联内容透露出几分自信和得意。

除了以上介绍的碉楼楼名的寓意外，还有以楼主的名字作楼

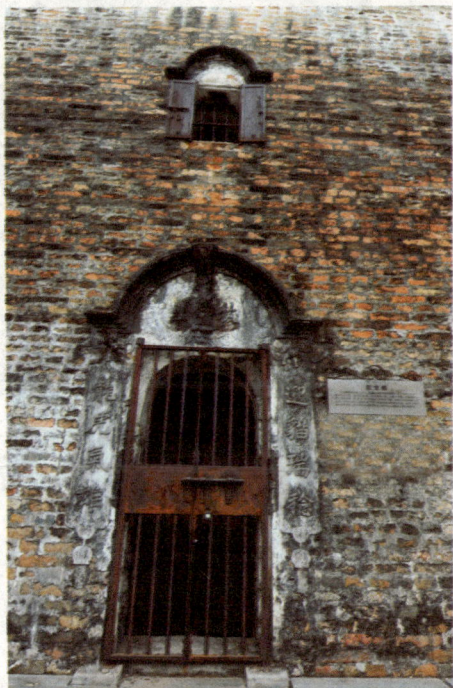

名，体现自我、自信，比如百合镇中洞村之"焕福"、蚬冈镇东和村的"焕然"，水口新风村的"溢璋"楼等，均以楼主全名为楼名。

还有以众人之名或集众人之意为楼名，以示公平、团结，比如塘口镇魁岗村石滩里黄荣耀独家兴建的居楼称为"私和楼"。塘口卫星村张容沛、张容照、张容会、张容旭四兄弟于1925年合资建了一幢居楼，由于共同合作，大家出资，故取名为"四份楼"，将内情交代得清清楚楚。

还有巧用数字命名的碉楼，如：一枝楼、两宣楼、三星楼、四份楼、四豪楼、五福楼、六角楼、七星楼、八角楼、九合楼、万兴楼、十八万楼、添亿楼、亿枝楼、千亿居庐等。

塘口自力村的"云幻楼"，是我国著名铁路建筑专家方伯梁的弟弟方伯泉建的私家碉楼，方伯泉是个读书人，青年出外谋生，晚年回乡见祖居为两座平房，贼来了无处可躲，于是用积蓄在村后购地建起了外观壮美的碉楼。

方伯泉目睹时局纷乱，盗匪横行，一生中庸笃厚、不爱争强好胜的他，为碉楼取了个有点禅意的名号"云幻楼"，并在顶层天棚门口上写上横批"只谈风月"，楼顶还有一副长长的对联，写的是：

云龙风虎，际会常怀，怎奈壮志未酬，只赢得湖海生涯空山岁月；

幻影昙花，身世如梦，何妨豪情自放，无负此阳春烟景大块文章。落款是："云幻楼主人自题"。

云幻楼的大门口写着：淑气临门，春风及第。作者借楼寄意，散发怀抱，这是他期盼"善良、美好"和人生前程。

空中楼阁

　　吊脚楼，也叫"吊楼"，为苗族、壮族、布依族、侗族、水族、土家族等族传统民居，在桂北、湘西、鄂西、黔东南地区的吊脚楼特别多。吊脚楼属于干栏式建筑，但与一般所指干栏有所不同。

　　傣族竹楼是另一种干栏式住宅。云南西双版纳是傣族聚居地区。傣族人民多居住在平坝地区，常年无雪，雨量充沛，年平均温度达21度，没有四季区分。所以在这里，干栏式建筑是很合适的形式。

土家族人的吊脚楼

从前的吊脚楼一般以茅草或杉树皮盖顶，也有用石板当盖顶的。后来，吊脚楼多用泥瓦铺盖。

建造吊脚楼也逐渐成为土家族人生活中的一件大事。第一步要备齐木料，土家族人称"伐青山"，一般选椿树或紫树，椿、紫因谐音"春""子"而吉祥，意为春常在，子孙旺。

第二步是加工大梁及柱料，称为"架大码"，在梁上还要画上八卦、太极图、荷花莲籽等图案。

第三道工序叫"排扇"，就是把加工好的梁柱接上榫头排成木扇。

第四步是"立屋竖柱"，主人选黄道吉日，请众乡邻帮忙。上梁前要祭梁，然后众人齐心协力将一排排木扇竖起。就在这时，鞭炮齐鸣，左邻右舍送礼物祝贺。

立屋竖柱之后便是钉椽角、盖瓦、装板壁。富裕人家还要在屋顶上装饰飞檐，在廊洞下雕龙画凤，还要装饰阳台木栏等。

吊脚楼多依山就势而建，呈虎坐形、三合院。讲究朝向，或坐西向东，或坐东向西。正房有长3间、长5间、长7间之分。大、中户人家多为长5间或长7间，小户人家一般为长3间，其结构有3柱2瓜、5柱4瓜或7柱6瓜。

吊脚楼正房中间的一间叫"堂屋"，是祭祖先、迎宾客和办理婚丧事用的。堂屋两边的左右间是人居间，父母住左边，儿媳住右边。兄弟分家，兄长住左边，小弟住右边，父母则住堂屋神龛后面的"抢兜房"。

人居间里又以中柱为界分前后两小间，前小间作为伙房，有两眼或三眼灶，在灶前安有火铺，火铺与灶之间是火坑，周围用青石板围着，火坑中间架三脚架，做煮饭、炒菜时架锅用。

　　火坑上面一人高处，是从楼上吊下的木炕架，供烘腊肉和炕豆腐干等食物。后小间是卧室。

　　吊脚楼不论大小房屋都有天楼，天楼分板楼、条楼两类。在卧房上面是板楼，也是放各种物件和装粮食的柜子。

　　在伙房上面是条楼，用竹条铺成有间隙的条楼，专放玉米棒子、瓜类，由于伙房燃火产生的烟，可通过间隙顺利排出。正房前面是左右厢房的吊脚楼，楼后面建有猪栏和厕所。

　　建造吊脚木楼讲究亮脚，也就是柱子要直要长，上上下下全部用杉木建造。屋柱用大杉木凿眼，柱与柱之间用大小不一的杉木斜穿直套连在一起，尽管不用一个铁钉也十分坚固。屋顶讲究飞檐走角，走角上翻如展翼欲飞，有些吊脚楼的屋顶盖有瓦片。

　　吊脚楼往往为3层，楼下安放碓、磨，堆放柴草；中楼堆放粮食、农具等，上楼为姑娘楼，是土家族姑娘绣花、剪纸、做鞋、读书写字的地方。

中楼、上楼外有绕楼的木栏走廊，用来观景和晾晒衣物等。在收获的季节，常将玉米棒子穿成长串，或将从地里扯来的黄豆、花生等捆绑扎把吊在走廊上晾晒。

为了防止盗贼，房屋四周用石头、泥土砌成围墙。正房前面是院坝，院坝外面左侧围墙有个朝门，房屋周围大都种竹子、果树和风景树。但是，前不栽桑，后不种桃，因与"丧""逃"谐音，不吉利。

房子的四壁用杉木板开槽密镶，讲究的里里外外都涂上桐油，又干净又亮堂。土家族吊脚楼窗花雕刻艺术是衡量建筑工艺水平高低的重要标志。有浮雕、镂空雕等多种雕刻工艺，雕刻手法细腻，内涵丰富多彩。

雕刻内容有的象征地位，有的祈求吉祥，有的表现农耕，有的反映生活，有的教育子孙，有的记录风情等。

吊脚楼有着丰厚的文化内涵，土家族民居建筑注重龙脉，除了依龙脉而建，和人神共处的神化现象外，还有着十分突出的空间宇宙化观念。在其主观上与宇宙变得更接近，更亲密，从而使房屋、人与宇宙浑然一体，密不可分。

土家族人把吊脚楼称为"走马转角楼"，或"转角楼"，把其厢房称为"马屁股"。在土家族人的意识中，吊脚楼就如奔腾怒嘶的马、开疆拓土的马。

更有意思的是，吊脚楼的外观与马也有几分相似，尤其是那半空悬吊的木柱，高高翘起的檐角，颇似腾空欲奔的马的雕塑，着实让人惊叹不已。

知识点滴

各具特色的吊脚楼

　　土家族民居最大的特征是杆栏式建筑或半杆栏式建筑，这种结构和居住形式主要受山区独特的地理环境影响与资源的制约，不仅具有适应性，而且能就地取材。这在生产力十分低下的情况下，充分地体现了土家族人的聪明才智。

土家居住地多为高山，地势凸凹不平，要想平整屋基，在当时的条件下，其工程之浩大是不可想象的。

普通老百姓所居住的地方更是糟糕之极，由于当时是土地私有制社会，好田好地都被土司或有钱人家占有，一般百姓只能在高山上栖身。

有首歌谣说："人坐湾湾，鬼坐凼凼，背时人坐在挺梁梁上"。当时的"背时人"说的就是土家族平民。再加之这里海拔较高，常年气温较低，空气湿润，因此，修建房屋只能依地势而定，屋后靠山，前低后高，所以厢房多建成吊脚楼。

吊脚楼楼外有阳台，以木制成各式各样雕花栏杆。即使居地平坦也多采用半杆栏式建筑，这种建筑具有防潮、通风和防蛇虫等优点。

栏杆上可以晾晒衣服及其他农作物，楼下饲养牲畜，既可防盗又可以作为野兽袭击时的"报警器"。人住在楼上如果听到响动，可立即到吊脚楼上观看，若遇强者则避之，若遇弱者则驱之，人畜共存，相依为命。

土家族人修建吊脚楼木房，正中堂屋脊上都要横搁一根大梁。梁上朝地的一面中央绘太极图。两头分别写着"荣华富贵""金玉满堂"等吉祥词句，画着"乾坤"日月卦。土家族人很看重梁，说它寄托着

今后的兴衰荣辱。

建造房子前，主人在附近人家的山头上悄悄相中粗壮苗条、枝丫繁茂的杉树，粗壮苗条表示子孙兴旺后人多，枝丫繁茂表示家大业正又久长。

到了架梁的前一天夜里，主人请来几个强壮的年轻人，择黄道吉时出门，来到树前，先点燃3炷香，烧上一盒纸，再念几句祝词，用大斧砍倒后，抬起就走，中间不能歇气不能讲话，抬到主人家后由木匠加工成大梁。

第二天，树主看到树桩边的香灰纸灰，便知道自己的树被人砍掉做了梁木，不气也不恼，还十分高兴，因为这表示自家的山地风水好，种出了人家喜欢的梁木。

土家族吊脚楼的建筑章法，一般来说，它是以一明两暗三开间为"正屋"或"座子"，以"龛子"，当地均称"签子"，为"横屋"或"厢房"的。

吊脚楼真正意义其实是由龛子体现出来的。正屋与厢房朝向均是

面向来客的。

临河建造吊脚楼，正屋是临街的，临河的吊楼实际上在正屋的背面。而到了河流这边，却又成了正面。它是水上漂泊者的精神寓所。

鄂西土家族吊脚楼的结构，最常见的是"一正一横"的"钥匙头"，当地人称之为"七字拐"。而且这种"钥匙头"的龛子一般都设在正屋右侧，这估计是从采光的角度来考虑的。

另外，俗称"撮箕口"的"三合水"，也就是中间正屋两边龛子的吊脚楼在民间也比较常见，至于"四合水""两进一抱厅""四合五天井"式的干栏建筑，即便是在被称为"干栏之乡"的湖北省咸丰县境内，恐怕也已不多见了。

鄂西土家族吊脚楼与其他干栏建筑最大的区别，或者说最大的发明在于：将正屋与厢房用一间"磨角"联结起来，这个"磨角"就是土家族人俗称的"马屁股"：在正屋和横屋两根脊线的交点上立起一根"伞把柱"或叫"将军柱""冲天炮"，来承托正、横两屋的梁枋，虽然很复杂，但却一丝不苟。

就是这一根"伞把柱"成了鄂西吊脚楼将简单的两坡水三开间围合成天井院落的重要枢纽。以它为枢轴，房屋的转折变得十分合理、自然。

永顺转角吊脚楼有一正两厢、一正一厢、一字转角吊脚楼等形式。若一栋楼两侧、前后均为转角通栏吊脚，则称跑马转角楼。

转角吊脚楼的主构特征为吊脚转角，下吊金瓜，上挂猫弓眉枋。吊脚廊栏、门窗多"万"字花格。吊脚下栏廊枋多通雕"万"字浮雕花边。屋顶坡面小青瓦，飞檐翘角，翘角以雄为美。

湖北省恩施土家族自治州咸丰县境内的吊脚楼具有典型的代表性，被人们誉为"干栏之乡"。

咸丰县的吊脚楼大多是飞檐翘角，回廊吊柱。在单体式的吊脚楼中，有的是四合天井三面回廊，有的是撮箕口东西或南北两厢房各三面回廊，有的是"钥匙头"两面回廊。

它们有的依山而建，有的临溪而立，有的悬在山边，有的矗在平坝……各具特色，各显风采。

偷饭碗是土家族人吊脚楼里奇特的婚俗之一。当娶亲的队伍来到新娘家，经过妙趣横生的"拦门""讨粑"等过场后，主人便热情设宴款待来人。

午餐时，接亲者中间有几个人，互相把眼睛眨几眨，便把饭碗悄悄藏到胸口或腋下。到了男方家，"偷"者从身上取出"赃物"，大摇大摆走进厨房，乐滋滋等主人奖赏。

主人也满脸高兴，按偷得的碗的数量，每只碗奖赏一大坨猪肉，偷碗者也都皆大欢喜。原来土家族人称这偷来的碗为"衣禄碗"，偷得越多越好，表示新郎新娘今后生活富足，兴旺美好。

苗族人建造的吊脚楼

苗族人大多居住在高寒山区，山高坡陡，平整、开挖地基极不容易，加上天气阴雨多变，潮湿多雾，砖屋底层地气很重，不宜起居。因而，苗族人历来依山抱水，构筑一种通风性能较好的干爽的木楼，

即"吊脚楼",世世代代居住。

据建筑学家说,苗族吊脚楼是干栏式建筑在山地条件下富有特色的创造,属于歇山式穿斗挑梁木架干栏式楼房。

一般建在斜坡上,把地削成一个"厂"字形的土台,土台下用长木柱支撑,按土台高度取其一段装上穿枋和横梁,与土台平行。

吊脚楼低的七八米,高者十三四米,占地十二三平方米。屋顶除少数用杉木皮盖之外,大多盖青瓦,平顺严密,大方整齐。

吊脚楼一般以4排3间为一幢,有的除了正房外,还搭了一两个偏厦。每排木柱一般9根,即5柱4瓜。每幢木楼,一般分3层,上层储谷,中层住人,下层楼脚围栏成圈,用来堆放杂物或关养牲畜。

住人的为一层,旁边建有木梯,与上层和下层相接,该层设有约一米宽的走廊通道。堂屋是迎客间,堂屋两侧各间隔为两三间小间,作卧室或厨房用。

这些被隔开的房间宽敞明亮,门窗左右对称。有的苗家还在侧间设有火坑,冬天就在这儿烧火取暖。中堂前有大门,门是两扇,两边

各有一窗。中堂的前檐下，都装有靠背栏杆，称"美人靠"。这是因为姑娘们常在此挑花刺绣，向外展示风姿而得名。其实还用作一家人劳累过后休闲小憩的凉台。

凤凰古城的吊脚楼起源于唐宋时期，古城位于湖南省湘西自治州西南边。

685年，凤凰这块荒蛮不毛之地建县，吊脚楼开始零星出现。凤凰古城开4门，坚固完好的城郭面积不足5万平方米，像一个漂亮精致的小木匣，里面住的多是官僚商贾及富人。

迁徙而来的贫穷外乡人在城中找不到栖身之处，只能在城外想办法立足。他们在沱江河、护城河的城墙外狭长地带垒窠筑窝，一半陆地一半水面地凌空架起简易住舍。

在沱江河岸上，那古古旧旧、高高低低的吊脚楼，一栋傍着一栋，一檐挨着一檐，壁连着壁，肩并着肩地高高地拥挤在河岸上。

这些吊脚楼一律黑色装束，一律青瓦盖顶，背后南华山的衬托下，层次分明并整整齐齐地也东倒西歪地由西向东绵延。在河岸上浩荡着数百栋吊脚楼群，每栋屋宇都隔有封火墙。封火墙实为消防之用。

从古走来，凤凰城的先人们就十分懂得区域的防火法。封火墙的作用则是阻止火势蔓延。万一有失，损失也只是局部，不至于演绎成火烧连营。

由于封火墙作用重大，吊脚楼主们都对此墙倍加呵护并极尽美化。他们在每堵封火墙前后都装有凤凰鸟图案造型。远眺，只只凤凰引项朝天，气宇轩昂，让人心情振奋。这便可释解凤凰人对美的追求，对神鸟凤凰的崇尚。

凤凰古城河岸上的吊脚楼群以其壮观的阵容在中华国土上的存在是十分稀罕的。它不单在形体上给人以壮观的感觉，而且在内涵上不断引导着人们去想象去探索。

知识点滴

吊脚楼里居住有苗、汉、土家等民族。贫穷使他们和睦相处，唇齿相依。

据已故的凤凰宗教界名望人士田景光老先生述说：清朝末年，护城河岸的吊脚楼曾发生过一场大火，烧掉了两户人家，吊脚楼的人们于穷困中解囊赞助，硬是为两户人家扶起了屋宇。这些生活在社会最底层的人们尽管贫穷但品格却极其高尚，他们时时将国运视为己任。

1937年"七七"事变后，凤凰一支土著部队被改编为陆军第一二八师，奉命开往浙江嘉善抗日前线，吊脚楼里就曾走出许多血性男儿，他们痛击日寇，马革裹尸，舍命疆场，为吊脚楼书写了一笔厚重史诗。

吊脚楼在悲壮中走了近千年。它在凤凰古城人民心目中的分量是厚重的。伴随着国家改革开放，旅游事业在凤凰古城已风云鹊起，吊脚楼里的人们纷纷将自家的吊脚楼重墨粉饰，开办了江边旅社、茶楼酒肆，以合理的价格热情服务于四方游客。

傣家竹楼的变迁

　　相传，在很久以前，傣族人那时候没有房子，下雨了就用芭蕉叶、海芋叶挡雨，困了就睡到树上。

　　一天，一个叫帕雅桑木底的青年正在睡觉，不知道什么时候天空

下起雨来，他被雨点打醒后，看到人们纷纷用芭蕉叶、海芋叶挡雨。

看到这些后，帕雅桑木底突然想，如果可以住在像芭蕉叶、海芋叶那样能挡雨的地方该多好呀！那样，就不会被雨淋了。

于是，帕雅桑木底就动手用一些面积较大的树叶盖了一间平顶叶屋，这就是最原始的"绿叶平顶屋"。房子建好后，可把帕雅桑木底乐坏了。

人们都来看帕雅桑木底的新屋子，都被他盖的屋子吸引了，后来家家都开始盖这种屋子，而且大家你帮我，我帮你的，很是热闹。

可是，这种屋子，一下雨就漏水，无法住人。帕雅桑木底也深有体会，为此，他整日思考解决的办法。

一天，帕雅桑木底看见一只猎狗坐地淋雨，屁股坐地、狗身像个斜坡前高后低，雨水打在猎狗身上循着狗身直往下淌。他突然受到启发，建盖了一种前高后低的称为"杜玛掀"的狗头窝棚。这样，屋子可以避雨了。这种"杜玛掀"虽然解决了屋顶的排水问题，但地上的水还是会涌进房子里面，致使屋子里面非常潮湿。

正当帕雅桑木底为改进"杜玛掀"而苦苦思索时，天神帕雅英被帕雅桑木底的精神所感动，于是，他决心给帕雅桑木底指点指点。

一天，下着雨，天神帕雅英变成了一只美丽的凤凰下凡到人间，落在帕雅桑木底面前，对他说："你看看我的两只翅膀吧，看它能不能遮风挡雨。"

凤凰立定两只长脚，把双翅微微向两边伸开，形成一个"介"字形的姿势。

帕雅桑木底听见凤凰会说话，吃了一惊。他双手合掌，对它拜了拜，并认真观察雨水是如何顺着凤凰双翅和颈毛、尾巴流下的。

帕雅桑木底边看边想，他决心一定要盖一间像雨中站立的凤凰式样的房子。

帕雅桑木底砍来许多树木劈成柱子，割来茅草编成草排。这房子立在柱脚上，分上下两层，人住上层，不会受潮。屋脊像凤凰展翅，

左一厦右一厦，前一厦后一厦，都是斜坡形，可挡四面雨水。

这种高脚屋子果然能遮风避雨，帕雅桑木底住在里面，十分舒适，他给这种房子起个名字叫"轰恨"，"轰恨"是傣族语"凤凰起飞"的意思。

帕雅桑木底盖成了"轰恨"之后，傣族家人纷纷来向他学习盖房。从此，一家又一家，一寨又一寨的傣家竹楼就这样盖起来了，人们都从山洞搬进了高脚竹楼。

"轰恨"较好地解决了当时人类在林海中居住的许多环境问题。在帕雅桑木底创建"轰恨"的过程中，由于一次山洪暴发，他抢救了很多动物，所以在他重建竹楼时，得到了各种动物的帮助。

屋子结构中的"宁掌"就是大象献出它的"舌头"，"琅玛"是狗献出了它的"背"，"钢苗"是猫献出它的"下巴"，"苤养"是白鹭献出了它的"翅膀"等。所以竹楼的很多部分，后来都用动物来命名。

后来傣族人又将竹楼逐渐改造，才演变成为后来闻名世界的一种干栏式建筑——傣族竹楼。

在竹楼的发展过程中，傣族人民以他们的聪明才智，不断完善其结构和优选其建材。他们在每根接触地面的柱子下面均垫上一块大的鹅卵石，使柱子不直接接触地面，阻断了热带

潮湿地面水分上升与白蚂蚁向上筑蚁路，保护了竹木结构的房子。

据传说，这是勐罕镇的第一个土司，雅版纳发明的。对于非接触地面不可的站台柱子和埋入土壤的冲米臼，他们则选用那些耐腐蚀和白蚂蚁不容易啃食的木料，如重阳木、思茅豆腐柴和帽柱木。

对于房子各部分的木料的选用，傣家人均有丰富的经验，最重要的两根称为"梢岩""梢喃"的中柱要选用最粗大、标直的红毛树，山白兰等，既能承受重力，又不易受虫蛀，经久耐用。

为了使竹楼经久耐用，他们还创造了一些实用的、行之有效的竹木料的简单处理方法。有些竹木材料在砍伐以后要放在河里或水塘里浸泡数月，溶去一些可溶性物质如木糖，使淀粉经发酵后变质，而不招惹蛀虫和减少微生物的寄生。

那些需直接埋进土壤的木材则用火烧，使其入土部分变硬、改性和有一层炭保护。此外在竹楼上设有不封闭的火塘，烧火时烟雾弥漫，起着防虫、抗腐的烟雾化学作用。

当然，竹楼最怕的是火灾。对此每个村社均有"用火"的乡规民约，在干季的白天均不准在家用火，如要用火则要到村外指定的地方。所以，村社的竹楼极少发生火灾。

竹楼下层高约两三米，四无遮拦，牛马拴束于柱上。上层近梯处有一露台，转进即为一长形大房，用竹篱隔出一个角来作为主人的卧室并兼重要钱物的存储处。

傣家竹楼均独立成院，并以整齐美观的竹栅栏为院墙，标出院落范围。院内栽花种果，有翠竹衬托，有果树遮阴，有繁花点缀，一栋竹楼如同一座园林。绿荫掩映的竹楼，可避免地下湿气浸入人体，又避免地表热气熏蒸，是热带、亚热带地区极为舒适的居室。

知识点滴

另一个传说是，有个名叫岩肯的傣家青年，他为了让傣家人能住上舒适的房子，请了99位老人一起商量了99天，最终还是没有把房子设计出来。

这时，三国蜀相诸葛亮来到这里，岩肯向他请教。他想了想，先在地上插上几支筷子，又脱下自己的帽子往上一放，说："就照这个样子盖吧！"

于是，后来所建的傣家竹楼就像顶支撑着的大帽子，晒台就像帽子的帽冠。

传说终归是传说，据考证，诸葛亮也并未到过西双版纳，但是人们的各种传说，说明傣家竹楼来之不易，舒适的竹楼是有着聪明才智的傣家人世世代代辛勤劳动的结晶。

陕北窑洞

　　窑洞是黄土高原上特有的一种民居形式。当地百姓自古以来就有住窑洞的习惯。中华民族的祖先就是在窑洞中生存、繁衍和壮大起来的。

　　窑洞具有人与自然和睦相处、共生，简单易修，坚固耐用，冬暖夏凉等特点。它是黄土高原的产物，更是陕北农民的象征。

　　因此，窑洞在我国文明史上有着不可替代的重要作用，窑洞文明也成为中华文明的代表性音符和元素。

穴居演变成窑洞

《庄子·盗跖篇》中记载：

古者，禽兽多而人民少，于是民皆巢居以避之。昼拾橡栗，暮栖木上，故命之曰有巢氏之民。

意为：古时禽兽多于人，人不得已居于树上。白天满地捡拾橡栗果腹，夜间再到树上栖息，以此如禽筑巢，得名有巢氏。

如此大约过了几百万年，人类的直系祖先取代了灵长类动物，才

从树上跳了下来，双脚落在地上，开始了另一种形式的新生活。

这时候，人和野兽之间常常发生争斗，很多人被野兽吃掉。于是，人类用棍棒围捕驱赶了禽兽，占据了它们巢居的洞穴。

这些蜗居能够抵御风寒雨雪，保护群落生民不受野兽毒虫侵害，还可以防洪、防湿、防潮、防瘴气等。穴居大约始于100万年前至50万年前，是人类发展史上的一次大飞跃。

当一次旷野大火燃起之后，原始人当中的智者发现了烧烤了的动物肉比生肉好吃，从此山洞里飘出肉香，人类结束了茹毛饮血的时代。

会用火，而且会把火种保存起来，才有可能在天然岩洞中定居下来。这"天然的石洞"即是原始人类最早的也是本能的居住选择，仍为"仿兽穴居"。穴居与火一样，使人从自然力量的支配中走进了农业生产。

农业生产的出现，迫使人们走出山洞到平原或丘陵地带去开创更适合他们生存的田园式定居生活。他们先占山崖石洞，再掘地穴居。

人工穴居大约始于旧石器时代晚期。这时人的智力和生产力，已经达到利用大型的尖状石器挖掘黄土洞穴的水平。

当母系氏族社会向父系氏族社会过渡的新石器时代来临时，随着人类文明的不断进步，生产工具的不断改进，人类已经进入了人工半穴居的居住阶段。黄土高原上的窑洞不但开始出现，而且还发育得相当成熟，"吕"字形窑洞居室开始出现。

新石器时代正如恩格斯所说的那样，从母权走向父权，是"人类所经历的最激烈的革命之一"，是"一切文化民族在这一时期经历了英雄时代"。

此时正是以陕北轩辕黄帝陵为标志的传说中的炎黄时代。先民们就这样经历了从原始穴居到人工穴居、半穴居，最后促成了土窑洞的出现。

陕北窑洞是人类最原始、最古老的民居之一。陕北高原有厚厚的黄土覆盖层，这里的土质黏性大，板结牢固，不易松散，有很强的支撑力，挖出来的窑洞不容易垮塌，正是开掘洞窟的天然地形。这使得掏洞挖穴变得较为简单容易。

窑洞是陕北建筑的主体，是城乡居民的主要宅所。秦汉以后，人们经过不断的摸索和改进，半地穴式窑洞逐渐发展成为全地穴式窑洞，也就是后来的土窑洞。

至明朝中期，人们开始用石块砌成窑面墙。20世纪初，当地的人们仿照土窑的模式建起了石砌窑洞。从力学的角度看，用石头和砖块搭建的窑洞更坚固。

据研究，石窑出现不会晚于先秦时代。子洲、绥德、米脂、延安的许多窑洞建筑令人叫绝。

几千年来，陕北窑洞这种独特的民居，其建筑形式并没有发生很大的改变。其建筑理念是一脉相承的，但是随着岁月的推进，其建筑形式也相应发生了一些改变。

陕北窑洞大致有4种类型，即土窑、接口窑、石窑、砖窑。土坯窑是土窑的衍化，薄壳窑是砖窑派生，砖石窑是两种建材的混合使用。

陕北窑洞有靠山土窑、石料接口土窑、平地石砌窑等多种，一般

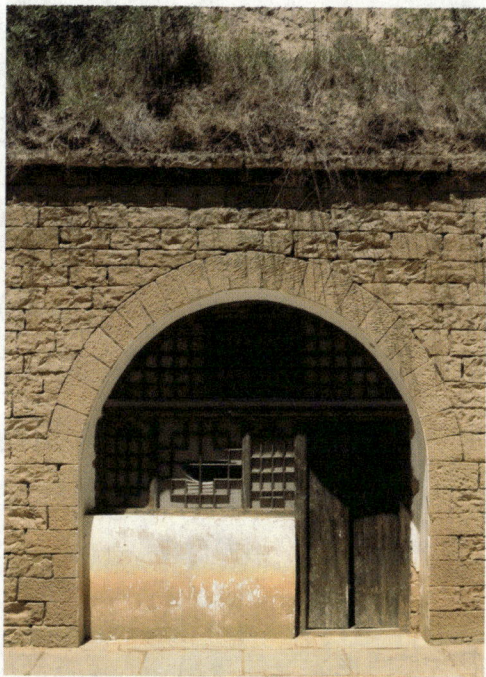

城市里以石、砖窑居多，而农村则多是土窑或石料接口土窑。

土窑是陕北窑洞的原始形态，保留古代穴居的习俗。挖土窑必须选择在向阳山崖上土质坚硬，土脉平行的原生胶土崖上挖掘，避免在直立、倾斜土脉和绵黄土地段开挖。因为，土硬则实，土软则虚，虚则易塌陷。

通常，先剖开崖面，然后开一个竖的长方形口子，挖进去一两米以后，便朝四面扩展，修成一个鸡蛋形的洞，再用宽镢刨光窑面，抹上黏泥，有时为固顶，窑顶间隔用柳椽支撑作箍。

土窑洞一般深七八米，宽3米，高3米多，最深者可达20米。窗户有两种：一种是小方窗仅一平方米左右，光线甚暗；另一种是半圆木窗，约有三四平方米，不仅光线较好，透气性也大大提高。

半圆形木窗的格局令人视觉舒展大方，专家指出，这也是《易经》中"天圆地方"理念的体现。

土窑充分体现陕北窑洞冬暖夏凉和省钱省料修造容易的优点。过去，对于贫苦的陕北人民来说，能挖一孔土窑是天大的福分。土窑也有光线昏暗、采光不利、空气流通差，窗内墙壁难以粉刷，窑面子容易风化雨蚀，山崩土陷易坍塌的缺点。

接口窑是在原土窑上开扩窑口，按窑拱大小加砌两三米深，石头或砖作为窑面，新做圆窗木门。为加固内顶，用柳椽箍顶。然后用麦鱼细泥抹壁，土拱与石拱接口处抹平隐藏使其新旧两个部分浑然一体。

接口窑是过去土窑基础上的进步，其门窗变大以后，采光面积增大了不少，光线也强了，洞里既明亮又保温，窑面也坚固美观。

砖窑就是用砖和灰浆砌的拱式窑洞，结构及优点与石窑大同小异。石窑就是用石块，灰沙垒砌的拱形窑洞。窑面石料按尺寸凿方凿弧，砌面讲究缝隙横平竖直，窑面整体平整，拱圈圆缓。窑顶前加穿廊抱厦，顶戴花墙，尤显大方。

窑口安装有大门亮窗，窗棂的图案有简有繁，花样多变，主要有"朝阳四射式""蛇盘九蛋式""勾连万字式""十二莲灯式"，可由技艺高超的木匠设计。

小窗加玻璃，也有整个门窗安装里外双层玻璃，既可增加室内明

亮度，又可加强保温性，也很美观。

陕北窑洞起源最早，历史悠长，出现了许多设计合理、功能完备、美观实用的典范之作，比如米脂窑洞古城和被誉为窑洞四合院的常氏庄园等。

米脂古城的窑洞开凿历史最早可追溯至元代，多数建于明、清两朝。窑洞四合院的形式据称由当地大户人家首创，后来普通百姓争相模仿，最终形成了当今世界绝无仅有的窑洞古城。

庄园分为上院、中院、下院和寨墙等几个部分，每层院落均由数个窑洞构成。最为讲究的当数主人居住的上院。一进院门，首先映入眼帘的是5间正窑，左右各3间厢窑肃立两旁。

只有靠近正窑才会发现，原来在正窑两侧还各隐藏着两间暗窑。这就是陕北最著名、最典型的"明五暗四六厢窑"式窑洞四合院。

"明五"，是指窑洞大院的正面之主体建筑是高大考究华丽的五孔砖石窑洞；"暗四"，是指五孔窑洞的两侧分别对置有稍稍藏进去的体量比较小的两孔窑洞；"六厢窑"，是指正面主体窑洞两侧"丁"字对称建筑的六孔窑洞。

庄园不但整体格局合理，而且各处细节安排妥当。高高门楼上精心雕琢着木刻"福寿图"，影壁前后有寓意吉祥的"鹤立鹿卧画"，院落中间巧妙利用水循环驱虫、散热的石床，充分展示了当时匠人的聪明才智和精湛技艺。

整个院落可以说是我国民间建筑学、雕刻学、美学的一个展览馆。姜氏庄园只不过是米脂窑洞古城众多窑洞四合院的一个优秀代表，这样的院落古城有数十个。

窑洞古城这一独特的我国生土建筑模式，充分发挥了本地自然材料特性，具有低成本、低能耗、低污染的特点，具有很强的生态意义和"天人合一"的哲学思想。

常氏庄园位于米脂县城东北处高庙山柳树沟北侧，被誉为陕北"窑洞四合院"。

常氏庄园是1908年由常维兴动工兴建，常维兴没有建完就去世了，由他的长子常英经管并最后完成。其格局为上下两套四合院，气势虽不如姜氏庄园宏大，但更为紧凑，对称规范。

大门前平台场地约300多平方米，两端为石拱门洞，沿坡由西而入。进入大门即底园，门两边有对称厅房、耳房，院西门内为石院磨房，院东门内为马厩厕所。由底园拾级而上经两门直抵顶院，正面一线五孔石窑，高门亮窗，穿廊虎抱，正窑两边配双窑小院，主院两侧六孔石窑相对，呈典型"明五暗四六厢窑"式。两门内彩绘装饰古朴典雅，门前两侧影壁水磨砖雕松鹤竹鹿，祥云荟萃。

常家庄园结构严谨，宽敞明亮，"三雕"艺术十分精细。整个庄园富丽堂皇，出入方便，居住得宜。

知识点滴

土窑的建造方法

　　窑洞式民居是一种很古老的居住方式，因为它有施工简便，造价低廉，冬暖夏凉，不破坏生态，不占用良田等优点，从一出现便备受青睐。

　　在长期的生产实践中，人们进行了大量的探索，因地制宜地摸索出了3种窑洞建筑形式：靠崖式、下沉式和独立式。

　　靠崖式窑洞，顾名思义，就是背靠土崖或石崖，但以背靠土崖为多。主要有两种：一种是靠山式，另一种是沿沟式。

　　靠山式窑洞多出现在山坡和土原的边缘地区。因此，就必然形成这样的自然环境：背靠山崖或原面，前临开阔的沟川和流水。而这样的自然环境又必然形成后土前水，后高前低，后实前虚的天然形态。

　　一家一户的窑洞组成院落，院落又组成村落。如此，窑洞－院落－村落构成了一个整体。

　　沿沟式窑洞是沿冲沟两岸崖壁基岩上部修造的窑洞，原面地区的"窑窠"也是这种背靠原面而面临冲沟或河沟挖掘的土窑。

　　这种窑洞靠近田地，利于耕作，窑脑不但可作为上一层窑洞庭院，而且往往是麦场和大路。当然，可以是土窑，也有砖砌的接口土窑和石砌接口土窑，也有背靠后崖拍券箍成砖石拱窑者。

靠崖式砖石拱窑还有一个省料的地方，就是窑掌靠崖，可以不必砌掌，但也可以顺崖镶掌。反之，靠崖式土窑虽系土拱，为了防渗，却也可以挂上石掌、砖掌。

靠崖式土窑的一个重要类型是接口土窑，即土窑面以出面石头或砖砌就，从外表看，和砖石拱窑一样，一为土窑固定、结实；二为装饰，令其美观。

下沉式窑洞就是地下窑洞，主要分布在黄土塬区，也就是没有山坡、沟壁可利用的地区。

这种窑洞的建造方法是：先就地挖下一个方形地坑，然后再向四壁挖窑洞，形成一个四合院。人在平地，只能看见地院树梢，不见房屋。

这种窑洞从远处看不到，就像是平地一样，只有走近才能看到地上一个个的凹坑，向坑里一看，下面是一户户的人家。

正如一首打油诗写的：

进村不见村，树冠露三分，麦垛星罗布，户户窑洞沉。

　　独立式窑洞，顾名思义，与靠崖式窑洞的最大不同是，没有"靠山"，不能直接利用天生的黄土作为窑掌，而是四面临空的窑洞，又叫"四明头窑"。

　　其之所以俗称"四明头窑"，就是指前、后、左、右四面都不利用自然土体而亮在明处，都人工砌造。由此可以看出，独立式窑洞实际上是一种掩土建筑。石拱窑、砖拱窑、泥墼拱窑和柳笆庵是独立式窑洞的主要形式。

　　修窑是一家中的大事，修窑前必请风水先生看地势、定方向、择吉日。修窑有挖地基、做窑腿、拱旋、过窑顶、合龙口、做花栏、倒旋土、垫垴畔、安门窗、盘炕、砌锅灶等工序。

　　修建时邻居和亲戚朋友互相帮工，修成后有合龙口的习俗，居住前有安土神的习俗，住新窑乔迁时有暖窑的习俗。

　　看风水，择地形还有不少讲究。窑洞的地形也基本是背风向阳，山近水依，出入方便，环境

优雅的平展地方。

另外，还特别讲究"风水"，然而有好多地方出现了"风水石""风水树"，所以人们在造好的地址上，首先要请阴阳先生通过用摆罗盘的方式来取方定位。

按照风水理论，一块吉地大体上要具备这样一些特征：背山面水、负阴抱阳、前有明堂、后有祖山，最好再有"朝山""龟山""蛇山"。这种理想山势平原并不易找到，而在黄土高原的丘陵沟壑区很容易找到这样的"风水宝地"。

一般窑洞的座字是八卦中的乾、艮、巽、坤4字，一般不能占子、午、卯、酉4字，即正东、正南、正西、正北4个方向。因此方向位置"太硬"，只有庙宇、衙署才能在此修造，一般人家在此居住"服不住"，因福薄运浅，强占会多灾多难，其他方位均可。

但还讲究面向要宽敞平展，背山要雄厚博大，左右要环山围堵，以此为能藏福聚财，争运固气，家丁兴旺。

另外还要辟离庙宇、坟墓、尖山、窄、弯、险崖深沟、左堵右塞、背山浅薄等，认为在此修造居住会后代不旺，财破福浅。有的住宅建成以后，在大门外安一块"泰山石"的小石碑，俗称"镇宅石"意即避邪。

窑洞的方位确定之后，就开始挖地基。挖地基前先确定窑洞类型。如果门前有沟洼，可用架子车把土边挖边推进沟里，这样扔土方便，就比较省力。

地基大致形状挖成以后，就要把表面修理平整，当地人叫作"刮崖面子"。刮者的眼力、技艺、手劲和力气好的话就能在黄土上刮出美妙的图案。修崖面，崖面挖掘应略有坡度，并刮出波浪形图案。

地基挖成，崖面子刮好后，就开始打窑。打窑就是把窑洞的形状挖出，把土运走。打窑洞不能操之过急，急了土中水分大，容易坍塌。

窑洞打好后，接着就是镟窑，或叫"剔窑""铣窑"。把打好的窑洞进行细加工，使其形状规整，窑壁光洁。从窑顶开始剔出拱形，把窑帮刮光，刮平整，这样打窑就算完成了。

等窑洞晾干之后，接着用黄土和铡碎的麦草和泥，用来泥窑。泥窑的泥用干土和才有筋，泥成的平面光滑平顺。湿土和的泥性黏不好用。泥窑至少泥两层，粗泥一层，细泥一层，也有泥3层的。日后住久了，窑壁熏黑，可以再泥。

当窑洞拱形门正中最后一块砖放上去就要全部完工了。也叫合龙口。完工时要举行很隆重的庆贺仪式，主人要在窑里外贴红色的剪纸，门口贴对联，还要放鞭炮。村中亲朋好友将前来贺喜，主人则请他们喝酒吃肉，自有一番热闹。

合龙口一般在中窑举行，即在套顶时在中窑窑顶留下一

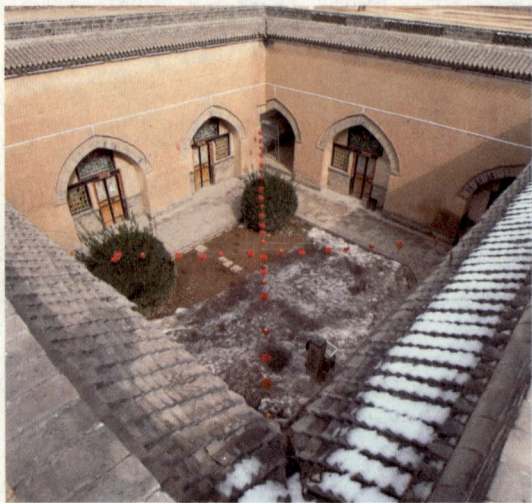

块石头的缺口，谓龙口。要在合龙口石头旁挂一双红筷子，一管毛笔，一锭墨，一本皇历，还有主人准备一个装有小麦、谷子、高粱、玉米和糜子的红布袋，以及五色布条、五彩丝线，这一切都有讲究，也就是祈求文星高照、家庭和睦、六畜兴旺、五谷丰登、丰衣足食等。

中窑两边贴红对联，多写"合龙又遇黄道日，修建正逢紫微星"，"风抬头三星在户，龙合口五福临门"等。

在此之前，主人还要跪在中窑口前进行"祭土"，也有叫"谢土"的，即主人端着香、黄裱、酒壶、酒盅、米糕奠酒，献食叩头。待时辰一到，匠人把准备好的物什放入合龙石下抹上砌好。

此时，鸣放鞭炮，也有吹奏唢呐助兴的，匠人站在中窑顶上一边撒五谷杂粮、硬币、针包、糖、花生、很小很小如扣子大小的馍馍等，一边口中唱着合龙口的歌词，窑下的人群争着去捡拾，当地人称这为"撒福禄"。

据说抢到硬币的人将交上好运招财进宝，而捡到针包的人日后一定会成为绣花能手。

仪式结束后主人宴请工匠和帮忙的亲戚朋友，酬谢他们的辛劳和庆贺窑洞主体的竣工。饭罢主人给匠工一块被面，其他小工亲朋一件汗衫、线衣等纪念品。来客或送贺幛，或念祝词，或送喜钱。

合过龙口才做窑头，就是在窑洞顶部安挑桩、压水檐石板、垫脑畔、倒窑石旋土、裱窑掌、盘炕、做锅台、垫脚地、粉刷、安门窗。

窑泥完之后，再用土坠子扎山墙、安门窗，一般是门上高处安高窗，和门并列安低窗，一门二窗。安门窗讲究"腰三漫四"，一般讲究当天做好的门窗当天安装，而做好的门窗当日不安装，如果再安则要另择黄道吉日。

门窗安好后，主人贴红对联鸣炮祝贺。入住前，也有献土的风俗，在窑前焚香燃纸，叩头致诚。意为祈求窑洞平安、人畜太平。

接下来是盘炕和盘灶头。在进门一侧与山墙紧靠盘炕，如果是厨窑，灶头与炕相连相通，中间以木拦坎隔断，可利用做饭的余热烧炕，也可使炊烟通过炕排出烟囱。

门内靠窗盘炕，门外靠墙立烟囱。炕靠窗是为了出烟快，有利于窑洞环境，对身体好，妇女在热炕上做针线活时光线也好。

新建窑洞内的炕、灶都修好后，在墙壁上还开挖一些方形的可以

摆放物品的凹洞。在窑洞外用砖砌窗台和门。

　　下面一道工序就是装修了。经过这几步的挖掘修整，窑洞基本挖成。窑洞拱顶式的构筑，符合力学原理，顶部压力一分为二，分至两侧，重心稳定，分力平衡，具有极强的稳固性。为了住着放心，也往往在窑洞里使上木担子撑架窑顶。经过几辈人，风雨过来，窑洞几易其主，修修补补，仍可以居住。

知识点滴

　　石窑的修建与土窑不同。石窑洞的修建通常以3孔窑洞或5孔窑洞为一组的较多，4孔、6孔较少，意在回避"四六不成材"的俗语。窑洞一般深8米至12米，宽高为3米左右。

　　选定窑址后，一般先劈山削坡，开出一片平地，作为工地和未来的庭院。随后依着山壁挖出深1.5米的巷道做地基，俗称窑腿子，如果是三孔窑就要挖4条窑腿子。一般中腿窄，边腿宽。然后用石头把地基砌起1.5米高的石头墙，也叫起腿子。

　　接着便用木椽搭建成半圆形的拱形架子作为窑坯子，在架子上放上麦秆、玉米秆等覆盖物，再抹上泥巴紧固，这道工序称为支穴。

　　另一种则是依靠山坡底，生挖出窑洞形状的土坯子，然后在土坯子上插石修建，这种工序称为"饱穴"。

　　等到合龙口后，再慢慢挖出土坯子，称倒窑石旋，土挖尽新窑即成。接着在搭建好的坯子上插石头片子，即坂帮。最后搬掉木椽架子，石窑的雏形便显现。

窑洞的建筑装饰

　　窑洞以实用为主，建筑的布局、空间构成、尺度、防护性能、装修构造等都是从实用出发的。但随着实践的深化，人们逐步按照朴素的美学理念对其进行修饰，做到了实用性和艺术性的完美结合。

　　窑洞的装饰以农耕文化的古拙、淳朴为显著特点。

　　窑面的装饰，以拱头线分隔为两部分。拱头线多做简单处理。石头做成的拱头线以雕刻细纹显得稳固、大方；下沉式土窑拱头线多以草泥抹面，做成单边或双边，有的做成狗牙状，配在圭角形或鸡心形的券口上，显得简朴别致。

　　窑面多种多样，能工

巧匠多在窗棂上下工夫以如意、万字、工字、水纹为基本纹样，追求吉利做出许多花样，一为透光需要；二为美化。拱头线以上的窑檐多以石料或木料做出石板挑檐、木瓦挑檐、带柱廊檐等多种窑檐式样。

窑洞的细部装饰，从立面至平面，从大门至室内，实际上是一种匠工艺术。石作、砖作、木作、纸作是主要的几个方面。

石作和砖作从石狮、抱鼓石、石础、影壁，直至立面的拱头线、挑檐、女儿墙等，多精雕细刻成以福、禄、寿为题材的吉祥图案。木作则集中于门楼举架雕刻、窗棂纹样等方面。

这里所说的纸作是指窗花、窑顶花、炕围画、吊帘、门神等可临时更换的装饰。每遇春节，红色的对联、窗花等点缀在青灰色的背景间，另是一番景致。

窑洞民居的色调也是构成窑洞与大自然和谐美的重要一端。黄色和青灰色是窑洞的两种主色调。黄土本来是窑洞建筑的基本材料，长期以来，中华民族形成了黄土造人的黄土崇拜观念。所以黄色是窑洞建筑的主色调之一。

一般来说，窑洞院落，包括院墙、窑洞帮墙、背墙、窑背脑在

内，不论是土窑，还是泥窑或者砖拱窑，都完全由黄土"包装"而成。其原因，当然首先是有就地取材之利，但同时也包含着黄色为吉色的观念。这是一种类型。

由于经炼制的砖瓦和作为黄土高原有机组成部分的基岩为料的石块是青灰色，所以窑洞的主色调之一是青灰色也就非常自然了。

青灰色给人以坚固、沉稳、大气的视觉感受，在黄土和绿色植被的衬托下，显得协调统一。

窑洞民居大多独门独院，建筑装饰处理都集中在人们的视觉焦点上，其形式大多表现为木雕、砖雕、石雕、门窗、彩绘纹样、剪纸、炕围画等。

窑洞虽以土方建筑为主，但也有许多窑洞与木构结合和纯木结构建筑，其木雕装饰主要体现在梁枋、雀替、梁托、柁墩、斗拱、垂柱、花板、栏杆、门簪、垂花等部位。这些木构件在起到其本身的结

构功能外，其木雕饰又丰富了建筑形象，增加了建筑艺术的表现力，从而使技术与审美达到和谐统一。

窑洞木雕因其构件部位不同而采用相应的工艺表现与技法，采用各种变化丰富和精巧的图案，表现出雕饰的明快和木质的柔美风格。

窑洞木雕图案主要以植物、动物、祥云、文字、琴、书等为内容，表现了人们对美好生活的向往和追求。如"狮子滚绣球"，象征人世的权势、富贵，也有镇宅驱邪之意，有喜庆、吉祥意念；"凤凰戏牡丹"象征荣华富贵；"草龙"象征了神圣、力量、吉祥与欢腾之意。

砖雕是模仿石雕而出现的一种雕饰类别，比石材质地软且相对较轻，易加工成型，而且比较经济，所以在民居建筑装饰中被广泛采用。窑洞主要用它做脊饰、吻兽、瓦当、墀头、影壁、神龛等建筑部位。

脊是民居屋顶上两个坡面顶相交而产生的高端的结合部和分水

线，具有稳定房屋结构、防止雨水渗透的功能，除此之外，它还有协调房屋体量，增强建筑高大、端庄的视觉审美功能等作用。

脊端是以砖、瓦封口，为了避免长长的屋脊线带来的单调感，屋脊自然而然地就成为户主、匠人们乐此不疲的装饰地。于是就有了"五脊六兽排三瓦，倒插飞檐张口兽"的说法，对脊饰装饰的繁简精细程度也能够反映出户主的社会地位和经济实力。

牡丹、莲花、蔓草、云纹、几何图案等纹饰常常是窑洞屋脊砖雕的主题形象。

吻兽，又称脊吻，是安放在正脊两端的兽形装饰物。我国传统古建筑在等制规模上有9样8种规格，在等级较高的建筑中，这种装饰物称为正吻，是张口向内的龙形。在较低等级的建筑中，才称为兽吻或吻兽，兽头向外。吻兽，本是建筑结构的一个部分，有防火之用。在古建筑上，一旦做上兽吻，就表示着整座建筑从底到顶全部完成。

据当地居民介绍，吻兽还有显示官位身份的装饰作用，即做官的

人家，官位达五品以上，吻兽张口，五品以下者，则为闭口兽。

瓦当指的是屋面筒瓦最下端的一个防水、护檐构件，同时它还兼具装饰作用。有的也用在墙体檐口上。窑洞民居中的瓦当形式单一，其雕饰图案以虎头、狮头饰样为主，少数刻有花饰图案。滴水为安放在屋面青瓦最下端出檐处的一种排水构件，形似下垂的如意形舌头，上面雕饰花纹图案。

墀头，专指房屋两山墙或大门两侧悬挑在外、经过涂饰墙头。民居中墀头装饰感和雕饰感极强，在门楼中是比较抢眼的装饰构件之一。实际上墀头在建筑中有着不可忽视的结构功能——承重、传力。

墀头用砖砌成，根据陕北民居中墀头的形式，可分为戗檐、盘头、上身、下碱4个部分。戗檐，微向前倾斜，挑砖送出，表面上贴一块方砖，是墀头的重点装饰部位，上面雕饰的都是有带有象征意义的图案。

墀头局部的长短尺度因各家各户而有差异，有实力的人家还在盘

头下部继续做雕饰，而且还相当讲究精细，宛如建造的小房子一般。细看饰有滴水瓦当，四角上翘，叠层刻有连花瓣、蔓草文的图案，中部主体三面雕刻，装饰图案内容多是寓意福禄祯祥、子孙兴旺、富贵不断的美好愿望。

窑洞影壁的造型可分为3部分，即壁顶、壁身、壁座，这里主要讲其砖雕装饰。壁顶的作用和房顶一样，一是作为墙体上面的结束；二是伸出檐口以保护壁身。

虽然壁顶面积不大，但上面依然铺筒瓦，中央有屋脊，正脊两端有脊兽，檐口以下有椽子和斗拱，具有与屋顶一样的结构及装饰。壁身是影壁的主体部分，占整座影壁的绝大部分，是装饰的重点部位。

从整体装饰的内容来看，窑洞院落的影壁，主要有植物花卉、祥云、五富捧寿、各种兽体、几何纹样、象鼻砖雕斗拱等，题材广泛，内容丰富。所用的题材多和建筑的背景内容有关。

不管什么样的纹饰组合，大多是寄托户主美好的愿望，或是叙述故事、或取吉祥寓意。壁座是整座影壁的基座部分，考究者用须弥座的形式。

在窑洞，几乎家家都供奉有神龛，一般供奉在院落大门过道的侧墙上、影壁壁身的正中心或窑脸两窑口之间。神龛尺度不大，但造型大多比较讲究，雕工装饰精细，宛如一个缩小比例的建筑模型。

神龛里面供奉的是土地爷，在陕北，面朝黄土背朝天，祖祖辈辈依靠土地为生，粮食就是老百姓的命根子，再多的神灵庇护都不如土地神的现管来的实际，所以各家各户都热诚供奉土地神，祈望年年好收成。

因陕北黄土高原的特殊地质条件，而盛产绿砂岩和灰砂岩，其质地比花岗岩要软，质地细腻，较容易雕刻，所以古城的石刻均采用砂岩，很少出现青石和花岗岩，砂岩石雕在汉代已经被运用。主要用于墓室的墓门和墓壁上，内容广泛，反映了当时的社会生活、迎宾拜谒、祈求吉祥、狩猎农牧、乐舞百戏、神仙鬼怪、珍禽灵兽等。

抱鼓石又称门枕石，是紧挨墙体，立于大门两立框之下的石墩。

属建筑构件，在结构上起加固门框的作用。露在门外面的基石部分或加工为方体的雕饰石，或者雕成圆鼓形的抱鼓石。

其雕饰或朴素或繁杂，讲究一点大户人家，抱鼓石雕饰得都相当精巧，鼓上雕刻两只立狮，鼓侧饰有"兽面衔环"，鼓面雕刻最为丰富，常见的主题有：二龙戏珠、二狮滚绣球、麒麟、蝙蝠、老翁等。

须弥座，是石鼓的底座。须弥座基本采用浅浮雕的方法，在它的各个部分都附有不同的石雕装饰，内容各家略有不同，少数人家在须弥座的束腰部分雕有角兽或花柱，狮子、猴子是角兽的主题形象。

窑洞多以木柱为竖向的支撑结构，为了防止柱脚湿腐蛀蚀，下端常设石质基础。虽然在尺度、体量上有高矮大小之分，石质有花岗岩、砂岩或石灰岩之别，但形状都与其上部的柱形协调一致。

柱础石的雕饰面是连续的，或是圆形，或是方形，或是六面体，表面都雕刻有花饰。简单的柱础石只做成基石，讲究一点的大户人家

做成须弥座与裙袂与鼓的形制。裙袂的处理方式和抱鼓石的手法一致，裙面刻有夔龙，周边饰有"富贵不断头"的纹样。

在门匾上题刻，是我国传统建筑的一个重要特点，用文字艺术表现建筑。在门楣上用什么书体、雕刻什么内容，颇为讲究。

一般窑洞门匾题刻名目内容非常丰富：或显要门第，如"武魁""进士""大夫第""功同良相""骑尉第"等；或取意吉祥或为展示追求，如"福禄寿""德寿轩""树德务滋""清雅贤居""安乐居"等。

窑洞铺首，被安置在门扇中央，适宜人手操作的高度上，是供来人扣门、主人锁门的实用性装饰构件。民居中常用铁制或铜制。

铺首的制作形式除了常用的"兽面衔环"外，还做成"五福捧寿"、"日月同辉""如意纹"等花饰纹样的图案。

窑洞门窗是拱形门连窗的形式，其做工精细、朴素大方，两侧做固定式门扇或做窗扇。门窗的木格图案的繁简程度与窑的主次划分有关系，正窑的门窗格饰是最复杂的，也是最讲究的，其他窑面的门窗格饰相对简单。

窑洞独特的拱券形式造就了窗棂形式的多样化，由于它处于窑脸的最体面的位置，故又极重视其美化作用。门窗棂主要由木结构组成，陕北和晋西北窑洞的满拱大窗最讲究装饰。门窗棂纹样中的各种图形，纵横交错，千变万化，有正方格的、斜方格的，有灯笼形的，花样繁多。主要形式有正方格、"工"字格、"万"字格。

我国的窑居村落有丰富的民俗文化，其中剪纸艺术是家家户户喜欢和最为普及的民间艺术。

窑洞的拱形屋顶上一个圆形的由一些花围着的大喜字剪纸，那是窑顶花。剪纸的种类有窗花、炕壁花、窑顶花、神龛剪纸、婚丧剪纸等花样，在不同时间和场合贴不同的剪纸。

窑洞的窗户是窑洞内光线的主要来源，窗花贴在窗外，从外看颜色鲜艳，内观则明快舒坦，从而产生一种独特的光、色、调相融合的

形式美。尤其是喜庆婚娶的人家，窗花特别丰富、精彩。

炕周围的三面墙上约一米宽的地方，贴着一些绘有图案的纸和画，称之为炕围子，十分好看。

炕围子是一种实用性的装饰，它们可以避免炕上的被褥与粗糙的墙壁直接接触摩擦，还可以保持清洁。为了美化居室，不少人家在炕围子上作画。这就是在陕北具有悠久历史的民间艺术——炕围画。也有剪纸能手，用剪纸来装饰炕围画的。

知识点滴

窑洞里盘炕就是造炕、打炕的意思。炕按大小和方位，有占窑洞一角而较小的棋盘炕，也有从窑窗至窑掌的顺山炕，但顺山炕是为了多住人，常供旅店、学生宿舍、兵营用。如盘掌炕，则窑多宽，炕多宽。

但炕之长短却有讲究："炕不离七（妻），门不离八。"也就是说炕长必为5.7尺，这讲究是为求吉利，一则"七"谐音为"妻"，昭示一家人生活和睦；二则"七"为奇数，为增长的数，寓子孙满炕，香火有人继承，故以"七"为吉，有些地方在炕面上留个"炕缝"，亦出于石榴多子的文化寓意。